李湘涛 徐景先 毕海燕 黄满荣 杨红珍 李 竹 张昌盛 杨 静 倪永明 著

北京市科学技术研究院
创新团队计划
IG201306N
项目支撑

中国社会出版社
国家一级出版社★全国百佳图书出版单位

图书在版编目(CIP)数据

物种战争之时空战 / 李湘涛等著.
—北京：中国社会出版社，2014.12
（防控外来物种入侵·生态道德教育丛书）
ISBN 978-7-5087-4920-4

Ⅰ.①物… Ⅱ.①李… Ⅲ.①外来种—侵入种—普及读物 ②生态环境—环境教育—普及读物 Ⅳ.①Q111.2-49 ②X171.1-49

中国版本图书馆CIP数据核字（2014）第293240号

书　　名：物种战争之时空战
著　　者：李湘涛 等

出 版 人：浦善新
终 审 人：李　浩
策划编辑：侯　钰
责任编辑：侯　钰
责任校对：籍红彬

出版发行：中国社会出版社
邮政编码：100032
通联方法：北京市西城区二龙路甲33号
编辑部：（010）58124865
邮购部：（010）58124848
销售部：（010）58124845
传　真：（010）58124856
网　　址：www.shcbs.com.cn
shcbs.mca.gov.cn
经　　销：各地新华书店

中国社会出版社天猫旗舰店

印刷装订：北京威远印刷有限公司
开　　本：170mm×240mm　1/16
印　　张：12.25
字　　数：200千字
版　　次：2015年6月第1版
印　　次：2017年4月第2次印刷
定　　价：39.00元

中国社会出版社微信公众号

顾问

致谢

防控外来物种入侵的公共生态道德教育系列丛书——《物种战争》得以付梓，我们首先感谢北京市科学技术研究院的各级领导对李湘涛研究员为首席专家的创新团队计划(IG201306N)项目的大力支持。感谢北京自然博物馆的领导和同仁对该项目的执行所提供的帮助和支持。

我们还要特别感谢下列全国各地从事防控外来物种入侵方面的科研、技术和管理工作的专家和老师们，是他们的大力支持和热情帮助使我们的科普创作工作能够顺利完成。

中国科学院动物研究所张春光研究员、张洁副研究员

中国科学院植物研究所汪小全研究员、陈晖研究员、吴慧博士研究生

中国科学院生态研究中心曹垒研究员

中国林业科学研究院森林生态环境与保护研究所王小艺研究员、汪来发研究员

中国农业科学院农业环境与可持续发展研究所环境修复研究室主任张国良研究员

中国农业科学院植物保护研究所张桂芬研究员、周忠实研究员、张礼生研究员、
　　王孟卿副研究员、徐进副研究员、刘万学副研究员、王海鸿副研究员

中国农业科学院蔬菜花卉研究所王少丽副研究员

中国农业科学院蜜蜂研究所王强副研究员

中国农业大学农学与生物技术学院高灵旺副教授、刘小侠副教授

国家粮食局科学研究院汪中明助理研究员

中国检验检疫科学研究院食品安全研究所副所长国伟副研究员

中国疾病预防控制中心传染病预防控制所媒介生物控制室主任刘起勇研究员、
　　鲁亮博士、刘京利副主任技师、档案室丁凌馆员、微生物形态室黄英助理研究员

中国食品药品检定研究院实验动物质量检测室主任岳秉飞研究员、
　　中药标本馆魏爱华主管技师

北京林业大学自然保护学院胡德夫教授、沐先运讲师、李进宇博士研究生、
　　纪翔宇硕士研究生

北京师范大学生命科学学院张正旺教授、张雁云教授
北京市天坛公园管理处副园长兼主任工程师牛建忠教授级高级工程师、
李红云高级工程师
北京动物园徐康老师、杜洋工程师
北京海洋馆张晓雁高级工程师
北京市西山试验林场生防中心副主任陈倩高级工程师
北京市门头沟区小龙门林场赵腾飞场长、刘彪工程师
北京市农药检定所常务副所长陈博高级农艺师
北京市植物保护站蔬菜作物科科长王晓青高级农艺师、副科长胡彬高级农艺师
北京市水产科学研究所副所长李文通高级工程师
北京市水产技术推广站副站长张黎高级工程师
北京市疾病预防控制中心阎婷助理研究员
北京市农林科学院植物保护环境保护研究所张帆研究员、虞国跃研究员、
天敌研究室王彬老师
北京市农业机械监理总站党总支书记江真启高级农艺师
首都师范大学生命科学学院生态学教研室副主任王忠锁副教授
国家海洋局天津海水淡化与综合利用研究所王建艳博士
河北省农林科学院旱作农业研究所研究室主任王玉波助理研究员
河北衡水科技工程学校周永忠老师
山西大学生命科学学院谢映平教授、王旭博士研究生
内蒙古自治区通辽市开发区辽河镇王永副镇长
内蒙古自治区通辽市园林局设计室主任李淑艳高级工程师
内蒙古自治区通辽市科尔沁区林业工作站李宏伟高级工程师
内蒙古民族大学农学院刘贵峰教授、刘玉平副教授
内蒙古农业大学农学院史丽副教授
中国海洋大学海洋生命学院副院长茅云翔教授、隋正红教授、郭立亮博士研究生
中国科学院海洋研究所赵峰助理研究员
山东省农业科学院植物保护研究所郑礼研究员
青岛农业大学农学与植物保护学院教研室主任郑长英教授
南京农业大学植物保护学院院长王源超教授、叶文武讲师、昆虫学系洪晓月教授
扬州大学杜予州教授
上海野生动物园总工程师、副总经理张词祖高级工程师
上海科学技术出版社张斌编辑

浙江大学生命科学学院生物科学系主任丁平教授、蔡如星教授、
农业与生物技术学院蒋明星教授、陆芳博士研究生
浙江省宁波市种植业管理总站许燎原高级农艺师
国家海洋局第三海洋研究所海洋生物与生态实验室林茂研究员
福建农林大学植物保护学院吴珍泉研究员、王竹红副教授、刘启飞讲师
福建省泉州市南益地产园林部门梁智生先生
厦门大学环境与生态学院陈小麟教授、蔡立哲教授、张宜辉副教授、林清贤助理教授
福建省厦门市园林植物园副总工程师陈恒彬高级农艺师、
多肉植物研究室主任王成聪高级农艺师
中国科学技术大学生命科学学院沈显生教授
河南科技学院资源与环境学院崔建新副教授
河南省林业科学研究院森林保护研究所所长卢绍辉副研究员
湖南农业大学植物保护学院黄国华教授
中国科学院南海海洋生物标本馆陈志云博士、吴新军老师
深圳市中国科学院仙湖植物园董慧高级工程师、王晓明教授级高级工程师、
陈生虎老师、郭萌老师
深圳出入境检验检疫局植检处洪崇高主任科员
蛇口出入境检验检疫局丁伟先生
中山大学生态与进化学院/生物博物馆馆长庞虹教授、张兵兰实验师
广东内伶仃福田国家级自然保护区管理局科研处徐华林处长、黄羽瀚老师
广东省昆虫研究所副所长邹发生研究员、入侵生物防控研究中心主任韩诗畴研究员、
白蚁及媒介昆虫研究中心黄珍友高级工程师、标本馆杨平高级工程师、
鸟类生态与进化研究中心张强副研究员
广东省林业科学研究院黄焕华研究员
南海出入境检验检疫局实验室主任李凯兵高级农艺师
广东省农业科学院环境园艺研究所徐晔春研究员
中国热带农业科学院环境与植物保护研究所彭正强研究员、符悦冠研究员
广西大学农学院王国全副教授
广西壮族自治区北海市农业局李秀玲高级农艺师
中国科学院昆明动物研究所杨晓君研究员、陈小勇副研究员、
昆明动物博物馆杜丽娜助理研究员
中国科学院西双版纳植物园标本馆殷建涛副馆长、文斌工程师
西南大学生命科学学院院长王德寿教授、王志坚教授
塔里木大学植物科学学院熊仁次副教授

没有硝烟的战场
——《物种战争》序

谈起物种战争，人们既熟悉又陌生，它随时随地都可能发生。当你出国通过海关时，倍受关注的就是带没带生物和未曾加工的食品，如水果、鲜肉……。因为许多细菌、病毒、害虫……说不定就是通过生物和食品的带出带入而传播的，一旦传播，将酿成大祸，所以，在国际旅行中是不能随便带生物和食品的。

除了人为的传播，在自然界也存在着一条“看不见的战线”，战争的参与者或许是一株平凡得让人视而不见的草木，或许是轻而易举随风飘浮的昆虫，以及肉眼看不见的细菌……它们一旦翻山越岭、远涉重洋在异地他乡集结起来，就会向当地的土著生物、生态系统甚至人类发动进攻，虽然没有硝烟，没有枪声，却无异于一场激烈的战争，同样能造成损伤和死亡，给生物界和人类以致命的打击。正因如此，北京自然博物馆科研人员创作的这套丛书之名便由此而就《物种战争》，既有“地道战”“化学武器”“时空战”“潜伏”“反客为主”“围追堵截”“逐鹿中原”，又有“双刃剑”“魔高一尺，道高一丈”“螳螂捕蝉，黄雀在后”。可见，物种战争的诸多特点展示得淋漓尽致。

我不是学生物的，但从事地质工作，几乎让我走遍世界，没少和生物打交道，没少受到这无影无形物种战争的侵袭：在长白山森林里被“草爬子”咬一次，几年还有后遗症；在大兴安岭，不知被什么虫子叮一下，手臂上红肿长个包，又痛又痒，流水化脓，上什么药也不管用，后来，多亏上海军医大一位搞微生物病理的教授献医，用一种给动物治病的药把我这块脓包治好了。有了这些经历，我深深感到生物侵袭的厉害，更不用说“非典”“埃博拉”……是多么让人恐怖了！越是来自远方的物种，侵袭越强。

我虽深知物种侵袭的厉害，但对物种战争却知之甚少。起初，作者让我作序，我是不敢接受的。后经朋友鼎力推荐，我想，何不先睹为快呢，既要科普别人，先科普一下自己。不过，我担心自己能不能读懂？能不能感兴趣？打开书稿之后，这种忧虑荡然无存，很快被书的内容和写作形式所吸引。这套丛书不同于一般图书的说教，创作人员并没有把科学知识一股脑地灌输给读者，而是从普通民众日常生活中的身边事说起，很自然地引出每个外来入侵物种的入侵事件，并以此为主线，条分缕析，用通俗的语言和生动的事例，将这些外来物种的起源与分布、主要生物学特征、传播与扩散途径、对土著物种的威胁、造成的危害和损失，以及人类对其进行防控的策略和方法等科学知识娓娓道来。同时，还将公众应对外来物种入侵所应具备的科学思想、科学方法和生态道德融入其中，使公众既能站在高处看待问题，又能实际操作解决问题。对于一些比较难懂的学术概念和名词，则采用“知识点”的形式，简明扼要地予以注释，使丛书的可读性更强。

为了保证丛书的科学性，创作者们没有满足于自己所拥有的专业知识以及所查阅的科学文献，而是深入实际，奔赴全国各地，进行实地考察，向从事防控外来物种入侵第一线的专家、学者和科技人员学习、请教，深入了解外来物种的入侵状况，造成的危害，以及人们采取的防控措施，从实践中获得真知。

这套丛书的另一个特点是图片、插图非常丰富，其篇幅超过了全书的1/2，且绝大多数是创作者实地拍摄或亲手制作的。这些图片与行文关系密切，相互依存，相互映照，生动有趣，画龙点睛，真正做到了图文并茂，让读者能够在轻松愉悦中长知识，潜移默化地受教育。

随着国际贸易的不断扩大和全球经济一体化的迅速发展，外来物种入侵问题日益加剧，严重威胁世界各国的生态安全、经济安全和人类生命健康；我国更是遭受外来物种入侵非常严重的国家，由外来物种入侵引发的灾难性后果已经屡见不鲜，且呈现出传入的种类和数量增多、频率加快、蔓延范围扩大、发生危害加剧、经济损失加重的趋势。这就要求人们从自身做起，将个人行为与全社会的公众生态利益结合起来，加强公共生态道德教育，提高全社会的防范意识和警觉性，将入侵物种堵截在国门之外。

如今，物种战争已经打响，《孙子兵法》说：“多算胜，少算不胜，而况于无算乎！”愿广大民众掌握《物种战争》所赋予的科学武器，赢得抵御外来物种侵袭战争的胜利。

中国科学院院士
中国科普作家协会理事长
刘嘉麒

2014年10月 于北京

目录

引言

许多外来物种都是用计的高手，对于入侵时机的把握恰到好处。新疆河鲈利用繁殖时间早的优势，取得了“小鱼打败大鱼”的战果；稻水象甲利用活动的时间与水稻的生长周期一致的特点，成功入侵；一些外来海洋生物通过船舶压载水的排放，来了一个乾坤大挪移……外来物种或利用时间差，谋取巨大的生存空间；或利用空间转换，获取充足的生长时间。

同样，人类“以其人之道，还治其人之身”。将水稻播种的时间错后，让稻水象甲找不到它们寄生的水稻秧苗；“围堤—刈割—水淹—晒地—定植—调水”的除草“组合拳”，不给互花米草任何喘息之机；选择高程较高的滩涂或者人工垫高滩涂等方法，减轻纹藤壶对红树林的危害；在开花前或种子成熟之前拔除一年蓬、野燕麦等外来入侵杂草，减少其传播和扩散……在这场时空战中，将时间和空间的利用发挥到极致的一方，将赢得最后的胜利。

稻水象甲

Lissorhoptrus oryzophilus Kuschel

需要我们牢记的是，阻击稻水象甲，必须要有打持久战的思想准备，而培育抗稻水象甲的水稻品种是合理的战略选择。这个过程相对来讲是比较长的，但是非常有效。在阻击稻水象甲的路上，我们任重而道远。

稻田

昆虫界的"女儿国"

昆虫界有许多稀奇古怪的事，各种各样的变态类型，各种各样的触角和足，有长得像鸟屎一样让人恶心的蝴蝶幼虫，也有像兰花一样漂亮的花叶螳螂。其中，一种叫稻水象甲的昆虫也很有意思，它们过的是"女儿国"的生活，没有"丈夫"，"女人"也可以生孩子，而且生的全是女孩。稻水象甲的这种生殖方式被称为孤雌产雌生殖。

稻水象甲*Lissorhoptrus oryzophilus* Kuschel是半水生性昆虫，在分类学上隶属于鞘翅目象甲科沼泽象甲亚科水象甲属。它的一生分为卵、幼虫、蛹、成虫等四个阶段。成虫体长只有2.6 ~ 3.8毫米，身材小巧，但并不美丽，外表密被着灰色的、排列整齐的圆形鳞片，可时间久了，这些鳞片就像年久失修房屋里的墙皮一样，很容易脱落。成虫前胸背板自端部到基部的鳞片呈黑色，形成一个明显的"广口瓶状"的黑色大斑，这个大斑便成为识别稻水象甲的重要特征。它的鞘翅上没有毛，而在中足胫节的两侧各有一列白色长毛，称为游泳毛，在游泳时能起到桨的作用。此外，在后足胫节有前锐突和1个不分叉

稻水象甲

的钩状突起，这也是鉴别它的主要特征之一。

由于每一只雌虫都能产生100到200粒卵，这些卵不需要受精就可以孵化，产生下一代的幼虫和蛹，再产生新一代的雌虫。这样的话，只要有一只雌虫到了一个新的地方，就有可能建立起一个种群。惊人的繁殖力使得它在新的稻田里，迅速成为水稻的杀手。

稻水象甲
"广口瓶状"的大斑

稻水象甲的成虫和幼虫都能为害水稻等作物。虽然成虫仅取食稻秧的部分叶肉，影响稻叶的光合作用，但成虫密度较高时，就会严重影响水稻的分蘖。比起成虫，稻水象甲的幼虫危害对水稻生长发育影响更大，在水稻的分蘖期内，直接影响其根系发育，从而影响分蘖，减少有效穗数。因此，这个小小的昆虫能对水稻造成巨大的危害。无论它出现在世界的哪个地方，人们和它的战争就再没有停止过。

一般情况下，如果一个物种一直以无性繁殖的方式进行下去，没有其他外部基因物质的出现，那么过不了几代，这个物种将会因基因缺陷导致最后的绝种。也就是说，稻水象甲的“女儿国”不可能长

水稻幼苗

久存在，分崩离析也只是时间问题。可是，令人意想不到的是，在入侵地，稻水象甲一直以孤雌生殖方式繁衍后代，丝毫没有灭绝的趋势，种群反而是不断地扩张。这是为什么呢？原来有一种革兰氏阴性内共生菌在帮助它们不断的壮大。科学家发现，我国营孤雌生殖的稻水象甲成虫体内有Wolbachia共生现象。

稻水象甲

Wolbachia作为一类革兰氏阴性内共生菌，广泛分布于昆虫、螨等节肢动物门以及线虫体内。Wolbachia主要存在于宿主的生殖器官中，在宿主的生殖系统中扮演了很关键的操作角色，可以引起雄性染色体的雌性化、孤雌生殖、雄性致死等。科学家推测，孤雌生殖的稻水象甲之所以生生不息，与广泛存在于其生殖系统内的共生菌Wolbachia有极大的关系。

更为神奇的是，在被Wolbachia侵染的稻水象甲体内发现了有WO噬菌体的存在，它是以节肢动物体内的Wolbachia为宿主的专性细菌性病毒，是少有的感染胞内细菌的噬菌体。听起来是不是有些“螳螂捕蝉，黄雀在后”的意味？科学家推测，WO噬菌体与Wolbachia以及稻水象甲三者之间，可能随着长期的协同进化而存在着某种相互联系，诱导稻水象甲生殖方式改变的始作俑者可能就是WO噬菌体。

稻水象甲的“幸福”生活

并不是所有的稻水象甲过的都是“女儿国”的生活，在它的原产地——美国东部，稻水象甲和大多数昆虫一样，是以两性生殖为主的繁殖方式，虽然也有孤雌生殖的个体，但所占的比例还不到10%。但是，孤雌生殖的稻水象甲却有着更为强大的生命力，不断地向世界各地进军。迄今为止，入侵世界各地的稻水象甲都是孤雌生殖型，它们过着纯粹的不依赖“男”性的“女”性社会的生活。

稻水象甲大多数将卵产于水稻基部水面以下的叶鞘内侧近中肋的组织细胞内，数粒至数十粒呈纵向排列，从外面看不到明显的产卵痕迹，但在无水条件下稻水象甲不能产卵。成虫怀卵后几乎天天产卵，产卵时间多为中午时分，产卵期约为30～60天。

稻水象甲的卵长约0.8毫米，呈圆柱形，两端圆，中部略弯，长为宽的3～4倍。卵的外表为珍珠白色，摘下水稻的叶鞘，对着光线，有时用肉眼就能看见里面的卵粒。卵经过7天后孵化，即进入幼虫生长阶段，幼虫期为30～45天。幼虫共4龄，老熟幼虫体长约8～10毫米，白色无足，头部褐色，身体略向腹面弯曲，在第二至第七腹节背中线两侧各有一脊状突起，这六对脊状突起均可伸缩。幼虫先在叶鞘内短暂蛀食，不久即沿植株爬至根部为害，每株稻根常聚集数头至数十头。1龄幼虫取食少许叶鞘及附近组织，造成的为害状不明显。而2龄以上幼虫能钻断须根，附着或钻入根中为害。幼虫达到4龄后，为害开始加重，直接咬断稻根，或在稻根上钻出孔洞，使稻根不能正常向植株输送水分和养分。少量的幼虫就可使秧苗生长缓慢，长势不旺，分蘖减少；幼虫量大时，会造成整株枯黄甚至死苗，为害严重的地块，可造成倒伏、漂秧、根系腐烂、植株矮小，以及成熟期推迟、产量降低等后

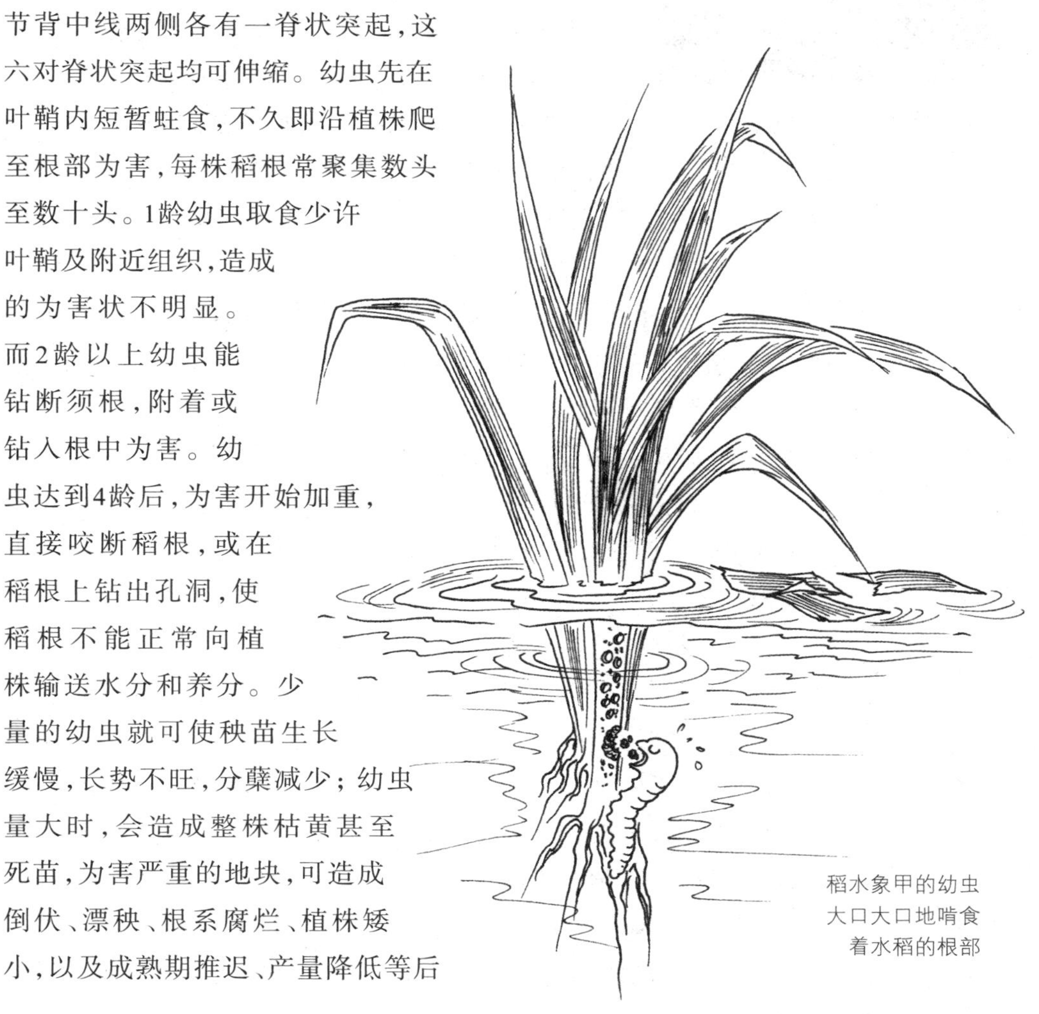

稻水象甲的幼虫大口大口地啃食着水稻的根部

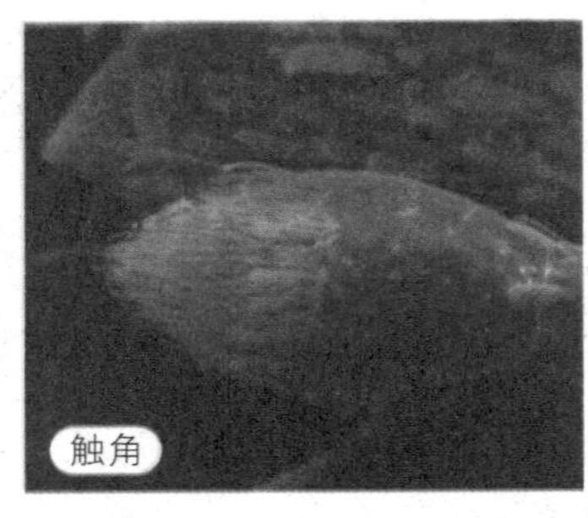

稻水象甲电子显微镜图

果。幼虫在发育过程中还会多次转根为害，造成很多水稻空根和断根。一般情况下，田边的危害重于田中，插秧早的重于插秧迟的，肥田重于瘦田，低洼田重于高处田。

幼虫老熟后作土茧化蛹，蛹期为10天。老熟幼虫在寄主根上咬上一个洞，在小洞的基础上作土茧，然后在其内化蛹，土茧内充满空气并能与根上的输气组织进行气体交换。土茧为泥灰色，略呈椭圆形，直径约5毫米，连在稻根上。稻水象甲的蛹为白色，有红褐色的复眼，除附属器官未伸展外，其形态已与成虫相似。

越冬成虫有集聚习性，主要越冬场所成虫密度为每平方米200头左右，而且越冬死亡率极低。它们以滞育状态在田边、路旁、林缘、荒地等潮干土交界处的浅土层中越冬，土表有枯草落叶等覆盖物是其越冬的必需条件，有时也在落叶、枯草下及稻草和稻茬堆中越冬。越冬场所虽一般都具有背阴向阳的特点，但其耐低温性较强，在−15℃仍能越冬，在−5℃温度下三个月后的生存率在半数以上，只有干燥对其越冬不利。

等到第二年春天气温在10℃以上时，稻水象甲便从越冬场所出来活动，这标志着它们又一年为害的开始。当气温达到20℃以上时，稻水象甲便成群飞入稻田，在稻田未灌水时昼伏夜出，而稻田灌水后日夜都在稻叶上活动。由于其越冬场所不同，小气候略有差异，复苏的时间参差不齐，所以成虫迁入稻田的时间拖得比较长，成虫的为害期也相应比较长。成虫、卵、幼虫、蛹等四个虫态在田间能够同时出现，可以说是“四世同堂”。

成虫以爬行、游泳为主，很少飞行，生命周期为80天左右。6月份的成虫多在叶面进行取食活动，在上午9：00～11：00和下午4：00～7：00之间最为活跃。中午前后，它一般沿植株爬入水中，或伏于水层的表面附近游动。如果遇到“风吹草动”，“假死”就是它的一个生存的策略。不过，一般它不展示这一“技能”，只有生命受到威胁的时候，这个“技能”才会帮它的忙。如果它在水稻的尖部取食时遇到了天敌，就可以垂直地跌落到地面或水中，这个过程十分短暂，成为它逃避天敌捕食的一个手段。8月份以后，稻田内的稻水象甲新生成虫主要在植株中下部活动，取食矮小分蘖的嫩叶。稻水象甲有较强的趋光性，常在田边的路灯下大量聚集。稻水象甲取食复杂，成虫寄主范围很广。据报道，成虫可以取食13科104种植物，幼虫能够在6科30多种植物上完成生活史。它在北方稻区可为害禾本科、莎草科、眼子菜科、泽泻科、香薄科、鸭跖草科、灯心草科等植物，但主要以禾本科、莎草科植物为主，水稻、玉米及高粱受害最为严重。成虫喜食稻叶，其次为稗草，多在叶尖、叶缘或叶间沿叶脉方向啃食寄主嫩叶叶肉，留有表皮，形成长短不一的纵向白色细条斑，两端平整，严重影响了叶绿素的形成和营养成分的运输，苗期长势差，营养生长缓慢。

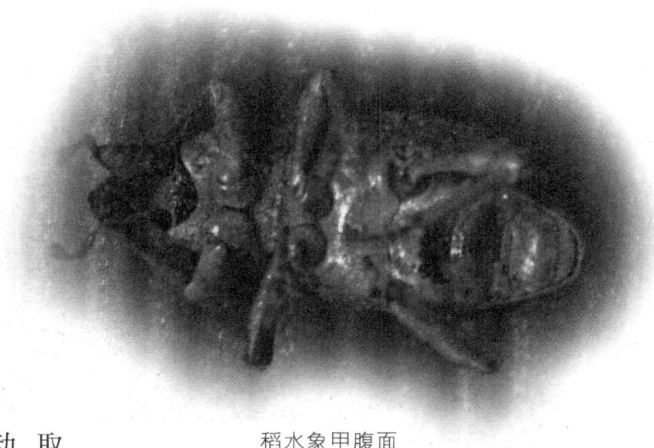

稻水象甲腹面

卵子发生—飞行共轭

昆虫迁飞前需要做好飞行的准备，如较为完善的飞行肌发育和较多的飞行能源储备。在迁飞过程中，会暂时性地抑制一些植物性反射弧（如卵巢发育、交配及产卵）而最大限度地发挥运动性功能。一旦迁飞结束后，其运动功能便受到抑制，而卵巢很快发育成熟并交配、产卵。可见，飞行与生殖在生理上是相互制约的，简单说就是“鱼与熊掌不可兼得”。昆虫这种飞行与生殖相拮抗、交替进行的过程称为“卵子发生—飞行共轭”，这是多数昆虫，特别是雌性昆虫的重要生理特性。

稻水象甲的飞行肌和卵巢发育，随生活史的季节性变化出现兴衰交替，从而迁入迁出稻田和越冬场所，表现出典型的卵子发生—

稻水象甲能够为害的农作物

飞行共轭现象。稻水象甲成虫从蛰伏场所到繁殖场所之间的往返迁飞，以及在无觅食与寄主转换时的小范围飞翔时，飞行肌较发达。迁入水稻田之后，飞行肌逐渐消解，而卵巢开始发育，直至水稻生长后期，成虫产卵。新羽化成虫，因为需要迁飞至越冬或越夏场所，所以飞行肌首先发育，而此时，其卵巢几乎处于未发育状态。

春季越冬代成虫从越冬场所迁入早稻田后，飞行肌消解而卵巢发育，繁殖形成一代致害种群。夏季一代成虫生殖滞育，飞行肌和脂肪体发达，绝大部分个体迁出早稻田准备越夏并越冬；少量落入秧田者，以及早稻收割时散落田内而晚稻插秧时尚未迁离的个体，卵巢恢复发育，飞行肌消解而构成二代虫源。秋季二代成虫羽化后生殖滞育，迁飞上山越冬；10月中旬后羽化的个体，卵巢和飞行肌均不再发育，直接滞留在稻田内外越冬。

新羽化的稻水象甲一代成虫取食水稻或稗草后，飞行肌和卵巢同时发育，飞行肌发育更快，两周左右达到最发达，而此时卵巢仍处于卵黄沉积前期，之后飞行肌和脂肪体开始退化，卵巢逐渐发育进入产卵盛期，此时飞行肌仍比较发达。随着产卵量的增加，飞行肌和脂肪体很快消解，两个月后，卵巢基本上发育到衰老期，不再产卵。

稻水象甲

稻水象甲飞行肌的发育和卵巢的成熟受食物质量影响，而食物质量与植物种类和拥挤度有关。稻水象甲在较低的虫口密度下取食合适的寄主植物会促进卵巢的成熟，抑制飞行肌的发育；相反，在较高的虫口密度下取食会抑制卵巢的成熟，促进飞行肌的发育。稻水象甲的迁飞伴随着飞行肌的发育和消解，发育完善的飞行肌使得稻水象甲迁离食物条件恶劣的稻田进入山中夏蛰或越冬，以及迁入晚稻田或新插秧稻田取食。

稻水象甲原产于北美洲，因而更适应于中高纬地区的温凉气候。后来，它不断南迁西进，来到了亚热带双季稻区，所面临的是利于其种群发展的更长的食物周期，同时还有使其存活率降低的更高的环境温度。在这种利弊并存的环境压力下，稻水象甲的生存对策是，既要避开高温的不利影响，又要充分利用食物资源。因此，绝大部分一代成虫进行滞育性迁飞越夏并直接越冬，另有少量个体利用新的食物资源完成世代发育，从而将生存的风险作了时间和空间两方面的分散。

“水、陆、空”全方位进犯

稻水象甲是国际性农业植物检疫性害虫，被国际自然保护联盟列为全球100种最具威胁性的外来入侵物种之一。我国也把稻水象甲列为国家级检疫性有害生物。

稻水象甲原本生活在美国东部一带，以野生禾本科、莎草科等

水稻

潮湿地带生长的植物为食。19世纪后半叶，美国密西西比河流域的阿肯色州、密西西比州、路易斯安那州和得克萨斯州等地开始大规模种植水稻，稻水象甲便转而成为水稻上的重要害虫，并逐渐向南蔓延至墨西哥、古巴和多米尼加等地。1959年，稻水象甲又向西发展，入侵到美国加利福尼亚州的萨克拉门托流域。10年后，它已经遍及整个美国的水稻种植区，成为美国水稻生产中的主要害虫之一。

1976年，稻水象甲传入亚洲，首先在日本爱知县被发现，至1983年，稻水象甲几乎遍及日本全境，并于5年后传入韩国及朝鲜。1988年，我国在河北省唐海县首次发现了稻水象甲，此后，它的疫区不断扩大，现在已经蔓延到北京、天津、河北、辽宁、山东、山西、吉林、黑龙江、浙江、福建、云南、四川、贵州、湖南、湖北、安徽、江西、陕西和台湾等地，受其影响的水稻面积超过了3000万亩，它几乎威胁全国所有稻区的水稻生产，成为我国农业上传播最迅速的外来有害物种。目前，它仍然以每年10～15千米的速度继续向疫区的周围地区扩展，似乎只有干旱和高海拔才能阻止它的进犯。

稻水象甲在我国的入侵表现为扩散速度快、适生范围广、成虫生活型多样化等特点，已成为我国水稻生产的最大威胁。它在田间的密度非常高，平均的密度是每平方米15头左右，比较严重的田块达到了60头，一亩地就有3万头之多。这样的密度，几乎可以在一夜之间，让田地里的水稻秧苗全部受害。事实上，稻水象甲刚刚在我国一些水稻产区出现的时候，并没有引起太多的关注。然而，没过几年的时间，这个小小的昆虫不仅对水稻产区造成了巨大的危害，而且加大了我国的粮食生产，甚至生态安全方面的风险。

在我国，稻水象甲的年发生世代数因区域不同而有所差异。气候和水稻栽培条件是影响稻水象甲在不同地区发生世代数的主要因素。与种植制度相适应，稻水象甲在寒冷地区和单季稻区每年发生一代，而在中、低纬度的双季稻区则年发生两代，并且主要以一代幼虫为害早稻，而晚稻上虫量很少。稻水象甲以成虫滞育越冬，在双季稻区每年有春、夏、秋3次迁飞，春季越冬成虫迁入稻田产卵繁

稻水象甲可以借助风力传播，使人们束手无策

殖，以幼虫食根致害并在稻根上结茧化蛹。但一代成虫自6月中旬陆续羽化后便持续外迁，历时月余，其绝大部分个体迁入山上越夏并越冬，少量成虫随收割入稻草蛰伏，构成二代虫源的仅是少量落入晚稻秧田的个体和晚稻插秧时尚未迁出的个体。

我国稻作面积大，分布广，因而稻水象甲的发生规律具有较明显的区域性。在河北，4月初气温升至10℃左右时，越冬代成虫开始活动，4月中旬开始向秧田转移，5月下旬至6月上旬为为害高峰期。辽宁5月初成虫开始活动，5月中下旬迁入稻田，7月上中旬至8月中旬为为害盛期。安徽在3月下旬出现稻水象甲，4月中旬开始为害，5月中旬为早稻大田为害盛期，一直持续到6月初。浙江一代成虫于6月中旬开始发生，6月下旬至7月上中旬达到高峰；二代成虫于8月底始见，9月中旬到高峰，但二代虫量低，对晚稻为害轻于早稻。

为什么稻水象甲能适应不同的地理生态条件，如此迅速地在全球蔓延开来？事实上，在稻水象甲的身上几乎具备了所有外来物种入侵的优势条件。它的繁殖力强且孤雌生殖，寄主范围广，栖息地环境多样，迁飞扩散迅速，滞育过冬，天敌少，越冬基数高，世代不整齐，为害期长，人为传播概率大等，再加上成虫具有假死性、水陆两栖性、较强的耐饥性和耐窒息性、抗药性和抗逆性强等特点，使得它们在世界范围内畅通无阻。

与大多数外来入侵物种一样，稻水象甲的远距离迁移主要靠的是货物的携带。因为它可以存在于稻谷、稻草中，或者在运输稻草类物品的包装物里面，然后随着海运或者空运的交通工具，依靠搭便车的方式，完成远距离的传播。

它还有一个能力，就是“懂一些简单的飞行技术”。稻水象甲的飞翔能力不是很强，若仅依靠其自身的飞行肌提供动力，只能进行较近距离的飞行，但在风的帮助下，稻水象甲即可实现远距离传播。

稻水象甲

有资料记载，它可借气流一次迁移12000米以上。

不仅如此，它还会借助江河湖泊，完成水上的扩散。稻水象甲可以潜水和游泳，以及随水漂流，迁移相对比较近的距离。如果将其浸在海水或淡水中，均可存活20～45天。稻水象甲的发生与水有着密切的关系。它的分布也与水有密切关系，目前稻水象甲在全世界的发生区大多在沿海、沿江流域。这是因为，成虫在干燥情况下难以长期存活，水是成虫产卵的必要条件。稻水象甲一般在灌水后的稻田产卵，而在灌水前很少产卵，水层对成虫产卵有明显的促进作用，卵在浸水条件下孵化率较高。稻水象甲正是以“水、陆、空”全方位的方式到各地安营扎寨的。短短的时间内，我国和世界上大部分水稻主产区就都有了稻水象甲的踪迹。

外来物种和外来入侵物种

外来物种是指在一定的区域内，历史上没有自然分布，而是直接或间接被人类活动所引入的物种。当外来物种在自然或半自然的生境中定居并繁衍和扩散，因而改变或威胁本区域的生物多样性，破坏当地环境、经济甚至危害人体健康的时候，就成为外来入侵物种。

全面阻击

既然稻水象甲是全方位进攻，那我们就得全面阻击。毫无疑问，化学防治目前仍然是世界各国防治稻水象甲为害的主要手段。稻水象甲的一生分为卵、幼虫、蛹、成虫四个阶段，那么，该在哪个阶段消灭它们呢？稻水象甲最喜欢产卵的叶鞘由于有叶片的保护，药物很难到达，因而在卵这个阶段很难消灭它。它的第二个生长阶段是幼虫，孵化后先在叶鞘里吃一段时间，然后在叶鞘上咬一个洞爬出来，靠重力落到泥土里，再钻到水稻的根里祸害水稻。由于幼虫在4龄前皮肤裸露，没有保护层，所以很容易被杀死。因此，这个时候是

小鸟是稻水象甲的天敌

防治稻水象甲的最佳时间。因为再高龄的幼虫就会形成一个土茧，准备化蛹，而这个土茧就结合在水稻的根须上面，而且有一定的自我防卫能力。稻水象甲蛹的外面有一层保护层，防治也比较难。

但是，在化学防治中，安全无公害的农药很少。当前，我们应进一步加强和完善稻水象甲的综合防治技术，使稻水象甲综合防治措施适应无公害稻米生产的要求。例如，选用抗虫性强、分蘖能力强的品种；利用不同品种成熟期差异减轻危害等农业栽培防治措施；推广水稻旱育秧技术，培育壮秧，秧苗带蘖移栽，提高分蘖率；利用稻水象甲具有趋光性，飞翔能力强的特性，利用灯光诱杀，也可以设置诱杀田，夜间点灯诱集成虫集中产卵，然后用药剂盆集中消灭；通过适当调整播插时期，使成虫危害盛期或产卵盛期与水稻受害敏感期错开，从而达到减轻水稻受害程度的目的。

自稻水象甲入侵我国以来，科研人员一直在致力于它的生物防治研究，试图寻找既有效又环保的绿色防控措施。

人们一般认为，栖息在稻田、沼泽地的鸟类、蛙类、蜘蛛等均可捕食稻水象甲成虫；淡水鱼类既可捕食成虫，又可捕食幼虫；步甲等捕食性昆虫可猎食各种虫态的稻水象甲。目前，尚未发现寄生成虫、卵或者幼虫的节肢动物类寄生天敌。稻水象甲的所有寄生天敌，均是引起昆虫疾病的病原微生物、线虫和真菌，且仅寄生成虫，不寄生其他虫态。已发现稻水象甲的寄生真菌有白僵菌、绿僵菌及琼斯多毛菌等，我国的研究主要集中于前两种，并且尚处于实验阶段，因此，稻水象甲的生物防治因子较少。

昆虫病原线虫是一类寄生性线虫，寄主范围广泛，对害虫种群有极大的抑制作用。昆虫病原线虫作为生物防治制剂具有化学农药无可比拟的优势，它不污染环境，对人畜等脊椎动物安全；它能主动寻找寄主，寄主范围广，侵染率高、致死能力强，能够防治化学农药难以奏效的钻蛀性、隐蔽性害虫，如草坪害虫蛴螬、林木害虫天牛、木蠹蛾等害虫；而且昆虫病原线虫还可以工厂化生产。目前应用这一技术已经成功地防治了多种害虫。

一些昆虫病原线虫对稻水象甲也有较好的防治效果，如芫菁线虫和毛纹线虫。可以在插秧后，稻水象甲成虫返回秧田时释放这些线虫，并在幼虫发生期再次释放。另外，昆虫病原线虫只对昆虫专性寄生，但它的寄主范围却十分广泛，可以同时防治稻田中其他的害虫而不寄生非昆虫的生物，是一种具有很大发展潜能的生防因子。因此，我们还应广泛地收集昆虫病原线虫资源，进而筛选出更适合防治稻水象甲的线虫种类。

昆虫病原真菌又称虫生真菌，是自然界控制害虫种群最大的一类昆虫病原微生物，占所有昆虫病原微生物的60%，因此它们也成为生物农药的主力军。用虫生真菌来防治害虫不仅持效期长、无残留、无公害、不伤害天敌、害虫不易产生抗性，而且它们具有独特的侵染方式(可通过寄主体壁侵染害虫)，这在防治刺吸式口器害虫和地下害虫上是其他微生物杀虫剂无法替代的。同时，它们也可通过寄主的消化道和呼吸道侵染害虫。因此，虫生真菌不仅有数量上的

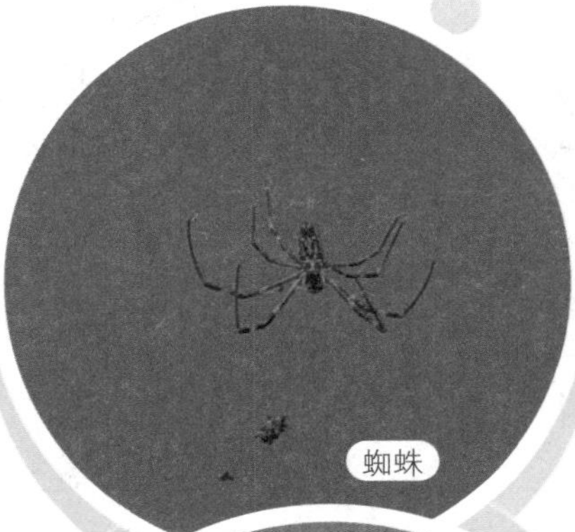

蜘蛛

蛙

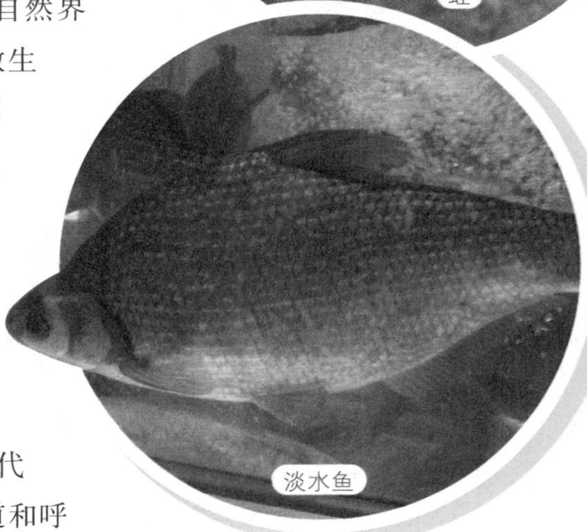

淡水鱼

稻水象甲的天敌

优势，而且具有独特的侵染方式，使之成为生物防治的首选因子。

日本1981～1990年使用白僵菌和绿僵菌控制越冬稻水象甲具有一定的效果。我国科研人员也在这方面取得了一定的成就。绿僵菌菌剂或制剂的应用在田间可以影响稻水象甲成虫的生长发育，明显减少稻水象甲幼虫密度，在成虫产卵期施用绿僵菌，对控制稻水象甲有更明显的作用。由于绿僵菌为迟效菌，因此对虫口高发区，最好先喷化学农药，压低虫口密度后再行放菌，或放菌后施药，或菌药混合施用较为有效。

白僵菌株的杀虫效果较为缓慢，而且稻水象甲成虫在感染球孢白僵菌后仍能产卵，且死亡前的产卵量与健康成虫的产卵量差不多，但是感染白僵菌后可以使稻水象甲寿命缩短而使总产卵量有所减少。白僵菌株必须分离自稻水象甲虫体，否则防效很差。因此，在使用白僵菌防治稻水象甲时，还需研究与其他防治因子结合使用的途径与方法，以达到有效治虫的目的。

筛选或研制开发植物源杀虫剂也是稻水象甲生物防治研究的重要方向。一些植物源杀虫剂对稻水象甲也具有一定的防治效果。印楝素、烟碱等防效较低，但可以起到驱避、拒食的作用；天然菊酯等对成虫的防治效果高，但对稻田河蟹等水生生物杀伤作用大。苦参碱是从植物苦参中提取出的一组碱类化合物，具有高效、低毒、无残留等优点，广泛用于无公害农产品生产的病虫害防治。目前，苦参碱已经用于防治稻水象甲，可有效防治稻水象甲越冬代成虫，显著降低幼虫发生和为害程度，因此可应用于无公害和绿色稻米生产田的稻水象甲防治。

稻水象甲对水的要求很高，无水不能完成世代发育，即使在滞育情况下，干燥环境也难使成虫长期存活。因此，适当的时候可以进行稻田排水，如维持3～5天的半干状态，这样稻水象甲就不能正常产卵了，即使有一些稻水象甲产了卵，在没有水的情况下很快就会死亡。然后，再及时地给水稻灌上水。这种干湿交替的方法，可以达到防治稻水象甲的目的。另外，控制水深也可以减少稻水象甲的落卵量，降低虫口密度。同时，通过翻地也能使一些虫体暴露地表而死

稻水象甲将卵产在水下叶鞘内，适当放水就会干扰稻水象甲的产卵

亡。未发生稻水象甲的地域要严禁从疫区调运可携带传播该虫的物品。对来自疫区的交通工具、包装填充材料等应严格检查，必要时做灭虫处理。

除了上述的方法之外，我国科学家还另辟蹊径：既然稻水象甲活动的时间与水稻的生长周期一致，那么，如果打乱它们的一致性，错开水稻的播种时间，事情是否就能迎刃而解了呢？因此，科学家想出了一招：可以将水稻播种的时间提前或错后！不过，水稻提前播种有难度，因为环境温度往往达不到水稻的生长要求，所以，只能将水稻的播种期错后。

越冬的稻水象甲成虫在温度适宜的情况下，就会从越冬场所复苏、取食新长出的禾本科植物嫩叶、恢复它们的飞行肌肉。水稻播种期推迟以后，稻水象甲飞来的时候，田里却没有水稻秧苗，这时稻水象甲就只能选择稗草等其他禾本科杂草作为寄主。这样的话，它就不能产卵，不能取食。即使它在少量的稗草上面产卵，孵化出来的幼虫也没有地方去为害。如此一来，推迟40～50天才播种的水稻就完全避开了稻水象甲的发生期。

这个方法非常奇妙，但需要注意的是，如果原来种植的是双季稻，现在推迟之后，如果还保持不变，那么，第二季水稻的生长期就会不够，所以一定要选择产量较高的单季稻。这样一来，水稻的产量没有降低，稻水象甲也得到了控制。

在我国浙江沿海地区，采用了上述方法之后，虽然双季稻的面积大大下降，但单季稻的面积提高了，而且避开了稻水象甲下迁到稻田为害的时间。对于稻水象甲来说，没有足够的寄主植物，它就不能够有效地形成下一代的虫源。这样一年又一年下来以后，稻水象甲在浙江这个入侵比较早的地区，种群密度不断降低，危害也在不断下降。

在南方的稻区通过改变耕作制度，把双季稻改成单季稻，就可以防治稻水象甲。而北方的一些水稻大多数都是单季稻，如果推迟播种的时间，水稻的生长期就不够了。所以，在北方水稻产区，就得采取别的办法。

人们发现，在水稻田上覆上一层薄膜，然后再根据一定的面积，一定的密度来栽种水稻，就可以阻止稻水象甲产卵。因为它产卵需要在水下的叶鞘里面，而这个方法就可以把它阻隔开来，让它没有产卵的环境，所以这个方法是比较有效的。

为了防治稻水象甲，人们真是绞尽了脑汁。不过，无论是南方推迟播种期，还是北方采用地膜覆盖的方法，总会有漏网之鱼，这些逃脱掉的成虫会在适合的时机产下卵，而稻水象甲繁殖的速度又非常快，所以对于这些为数不多的漏网之鱼也不能掉以轻心。

需要我们牢记的是，阻击稻水象甲，必须要有打持久战的思想准备，而培育抗稻水象甲的水稻品种是合理的战略选择。这个过程相对来讲是比较长的，但是非常有效。在阻击稻水象甲的路上，我们任重而道远。

（杨红珍）

李振宇，解焱. 2002. **中国外来入侵种**. 1-211. 中国林业出版社.

黄澍，胡美英，官珊. 2004. **检疫害虫稻水象甲的控制技术研究进展**. 昆虫天敌，26(2): 86-91.

万方浩，郑小波，郭建英. 2005. **重要农林外来入侵物种的生物学与控制**. 1-820. 科学出版社.

余守武，杨长登，李西明. 2006. **我国稻水象甲的发生及其研究进展**. 中国稻米，2006(6): 10-12.

万方浩，郭建英. 2009. **中国生物入侵研究**. 1-302. 科学出版社.

万方浩，彭德良. 2010. **生物入侵：预警篇**. 1-757. 科学出版社.

张国良，曹坳程，付卫东. 2010. **农业重大外来入侵生物应急防控技术指南**. 1-780. 科学出版社.

杨眉，傅杨，李刚等. 2011. **稻水象甲的研究进展**. 动物学研究，32(增刊): 267-271.

环境保护部自然生态保护司. 2012. **中国自然环境入侵生物**. 1-174. 中国环境科学出版社.

河鲈

Perca fluviatilis L.

人类是这场战争的发起者，没有人类的引入，五道黑不会从更寒冷的乌伦古湖翻越天山，来到天山南麓的博斯腾湖；没有人类对外汇收入的追求，池沼公鱼没法从黑龙江、图们江游到博斯腾湖。因此，人类才是这一系列糟糕的事情发生的罪魁祸首。

大头鱼的“江湖”

在新疆乌鲁木齐南面，距库尔勒市约60千米的地方，就是我国最大的内陆淡水湖——博斯腾湖。内陆湖泊是指河流下游形成的独立的集水区域，湖水不外泄入海。这样的湖泊是比较封闭的，通常没有外来干扰，鱼类的组成也比较简单。而像太湖、鄱阳湖等湖泊，由于跟长江相连通，一些种类的鱼就可以通过长江出入这些湖泊，所以水域中鱼类的构成就会复杂一些。

博斯腾湖东西长55千米，南北宽25千米，面积1228平方千米，位于新疆天山南坡焉耆盆地的东南部，四周高山环绕，融汇了雪山、湖光、沙漠、绿洲的旖旎景色，被称为“西塞明珠”。博斯腾湖上最壮观的景色是有40万亩天然形成的芦苇，以及众多的芦苇荡和芦苇水道。春天，挺拔翠绿的芦苇丛迎风招展；秋天，金黄色的苇叶和雪白的芦花互相衬托，渲染出博斯腾湖的色彩如油画般浓烈。博斯腾湖的水源来自雪山融化形成的河流，春季少雨，夏季干燥炎热，秋季降温迅速，冬季寒冷，水分蒸发量大。20世纪60年代后，由于库尔勒地区工农业用水量不断增加，每年出湖的水量不断加大，已引起湖的水位下降，湖面缩小，湖水矿化度逐年升高，现在已演变成一个微咸水湖泊。这样的情况如果得不到改善，这颗塞外明珠恐怕会变成第二个罗布泊。

博斯腾湖地处内陆，属于暖温带大陆性干旱气候，全年低温的时间长，不利于水生生物的生长，因此博斯腾湖的生态系统结构较为简单。亿万年来，物竞天择的结果是，在这个浩淼、辽阔的湖中，只生活着五种土著鱼类：即新疆大头鱼、塔里木裂腹鱼、新疆裸重唇鱼、长身高原鳅、叶尔羌高原鳅。长身高原鳅和新疆裸重唇鱼多数分布在河道中，叶尔羌高原鳅是一种数量不多的小型鱼类。因此，博斯腾湖基本由新疆大头鱼和塔里木裂腹鱼所占据。

从博斯腾湖中打捞出的新疆大头鱼

观察新疆大头鱼生长情况

当时在博斯腾湖中，新疆大头鱼堪称湖中之王。它也叫扁吻鱼，在分类学上隶属于鲤科裂腹鱼亚科扁吻鱼属，不仅是我国的特产鱼类，也是世界裂腹鱼类中珍贵的物种。它的特点是头大，吻部宽扁，腹背部鳞片细小，体侧的鳞较大，主要在肛门及臀鳍基两侧各有一行特大臀鳍，好像腹部是裂开的似的，这也是裂腹鱼亚科的一个典型特征。新疆大头鱼起源于3亿多年前，有鱼类“活化石”之称，而扁吻鱼属中现存的只有这一种，并且仅分布于塔里木水系，因此也有很高的学术研究价值，被列为我国国家Ⅰ级重点保护野生动物。

新疆大头鱼属于凶猛的大型食肉鱼类，也是重要的经济鱼类之一。由于它个体大，富含脂肪，所以吃起来肉嫩如豆腐，鱼汤鲜如牛奶，丰腴可口，是新疆南部一带民间的传统美味。传说，当地居民在古代被称为“吃鱼的民族”，从而与牧民区别开来。一方水土养育一方人，这里大概也算得上大漠中的水乡吧。根据1958～1965年新疆生产建设兵团捕鱼队的记录，当时每年捕捞的新疆大头鱼的产量达

渔民捕捞河鲈

140～260吨。那时候，塔里木河下游工作的农工们经常会发现新疆大头鱼游至水渠闸口，如果把渠堵住了，他们三更半夜还得爬起来抓鱼疏通涵洞。而短短几十年后，新疆大头鱼就在湖中绝迹了。这是为什么呢？

原来，为了提高博斯腾湖的渔业产量，人们从1962年开始引进外来鱼种，这也是整个博斯腾湖鱼类不幸的命运的开始。这里首先引进的是鲫鱼和“四大家鱼”，但人们并没有满足，仍然不断引进新的鱼种，于是，最糟糕的事情在1968年发生了。这一年，人们在引进贝尔加雅罗鱼的过程中，鱼苗中不慎混入了河鲈，而这种体长最多只有30

厘米左右的家伙，最终导致了博斯腾湖仅有的两个高产大型鱼类的消失。

五道黑横空出世

河鲈 鸦工作室/绘

河鲈*Perca fluviatilis* L.是一种冷水性淡水鱼类，在分类学上隶属于鲈形目，分布于欧亚大陆温带和寒带地区水域，在我国见于额尔齐斯河和乌伦古河两大水系。尤其是乌伦古湖盛产河鲈，当地人都叫它五道黑，因为它的身体上有五至七条横贯身体的黑色带状条纹。它的肉质鲜嫩，爽滑少刺，脂肪含量较低，也是淡水鱼类中的珍品，新疆流传有"尝罢河鲈不思鱼"的说法。它是肉食性鱼类，凶猛、攻击性强，所以垂钓爱好者也把它作为优选对象，觉得很刺激、很有新鲜感。还有一些户外活动的爱好者，也喜欢用五道黑作为网名，不仅表示自己行动迅捷，还有点霸气外泄的意思。

五道黑是如何将土著的新疆大头鱼、塔里木裂腹鱼赶尽杀绝的呢？让我们首先介绍一下五道黑的模样：除了标志性的五

河鲈

位于新疆阿勒泰地区福海县的乌伦古湖

条黑带外，它的身体是棕褐色的，腹部是白色的，背鳍浅灰黄色，胸鳍浅黄色；臀鳍、腹鳍及尾鳍为橘黄色。这种鲜艳的颜色在冷水鱼种中是比较少见的，大多数冷水鱼类都具有黑色的后背，这样既能躲避天敌，又可以隐藏自己，以便偷袭猎物。但五道黑不是这样，它从不遮遮掩掩，总是大摇大摆地游来游去，一旦发现猎物，就立即发动突然袭击，将所见的小鱼、小虾统统纳入腹中，其他大鱼想吃五道黑，

没门！它有自己的独门暗器，不仅是鳃盖的后缘有刺，两背鳍也有硬刺，第一背鳍有8～16根，其中第4根最长，第2背鳍有3根硬刺，这样的防御武装，谁能惹得起？

与五道黑相比，新疆大头鱼的个头大多了，一般体长为80～94厘米，体重为12～14千克，最大的可达50～60千克。因此，五道黑要吃掉这么大的鱼，确实是不可能的。但是，不要忘记，大鱼都是由小鱼

新疆大头鱼

长成的，而吃掉新疆大头鱼的小鱼就成了五道黑的拿手好戏了。

说起来，五道黑真是大头鱼的克星！它的产卵盛期为4月中旬，10～15天就孵化成幼鱼。而新疆大头鱼产卵较晚，4月下旬至5月中旬溯河而上产卵，待1厘米左右长的鱼苗进入博斯腾湖中的时候，正是五道黑幼鱼快速生长，急需大量饵料之时，这些毫无保护措施的新疆大头鱼的小鱼苗自然成了人家成长的养料。五道黑对新疆大头鱼的威胁还不仅是能吃掉它的幼鱼，它还有更狠毒的招数呢。五道黑性成熟较早，在自然条件下，1至2龄就可以繁殖后代，所以繁殖力很强，平均每千克怀卵79粒。而新疆大头鱼性成熟晚，6～7龄才开始产卵繁殖，且怀卵率低，每千克才26粒。每条五道黑的雌鱼每年都能产成百上千的鱼卵，孵化出大量的小鱼去吃掉新疆大头鱼的后代。此外，新疆大头鱼的成鱼每年都被人类捕捞几十吨、上百吨，而它们所产的鱼苗在五道黑的攻击下，活下来的微乎其微。可怜的新疆大头鱼真是"头大"，五道黑是不会再给它6～7年的时间去养育后代的。

在五道黑无意中进入博斯腾湖6年后的1974年，新疆大头鱼就从博斯腾湖彻底的消失了。10年后，博斯腾湖的另一种大型鱼类——塔里木裂腹鱼也在1985年消失。

事实上，最终导致新疆大头鱼在博斯腾湖绝迹的原因还有一个，这就是在它的上游河流修建的水利工程。新疆大头鱼的产卵习性同洄

新疆大头鱼
鸮工作室/绘

游产卵的大麻哈鱼很相似。它们在湖中生长，6至7岁成熟以后，到了产卵期，雌鱼和雄鱼就会成群结队，沿着开都河与塔里木河的进湖口，逆流而上，抵达河源巴音布鲁克等地，那里海拔较高、水质更加纯净。在找到适宜的砂砾水底当产床后，新疆大头鱼便产卵、受精，完成这一繁育后代的任务，它们也纷纷死去。受精的鱼卵顺水漂流，回到入湖河口时，鱼卵恰巧孵化出鱼苗，游进博斯腾湖。可是，在开都河和塔里木河流域，人们兴建了一些水利工程，人为地阻隔了新疆大头鱼的产卵通道，使它们不能顺利地回到产卵场。因此，人类才是导致新疆大头鱼在博斯腾湖消失的罪魁祸首。

谁能想得到，在辽阔的面积达1200多平方千米的水域中，年产几百吨的新疆大头鱼，会在短短五六年时间里，完全消失？人们总是以为，博斯腾湖这么大，一眼都望不到边，哪儿没有鱼儿藏身之地？而且，这么多的鱼，怎么能捕捞完呢！是的，千百年来人们祖祖辈辈生活在这里，都被称为“吃鱼的民族”，年年撒网下去，年年这些活蹦乱跳的鱼儿就噼里啪啦地被拖上来，从没有落空的时候。可是，新疆大头鱼确实就这样在博斯腾湖绝迹，宣告了这个亿万年形成的水生生态环境彻底改变。

新疆大头鱼产卵较晚，鱼苗进入博斯腾湖中的时候，正是五道黑幼鱼急需大量饵料之时，新疆大头鱼的小鱼苗自然成了人家成长的养料

强中更有强中手

最糟糕的事情还在持续发展。人们引进了四大家鱼、贝尔加雅罗鱼、五道黑，还远远没有到达目标，追求最大产量的脚步并没有停住，此后的博斯腾湖又引进了银鲫、丁鲹、东方欧鳊、中华绒螯蟹、河蚌、日本沼虾等等经济水产动物，至1990年，共引进了19种。这些新主人，有的喜欢在水的上层活动，有的喜欢在水的底层活动；有的喜欢吃浮游生物，有的喜欢植物，有的喜欢吃水底的有机碎屑，它们重新构筑了一幅博斯腾湖的水产图，在博斯腾湖“蓬蓬勃勃”地生长起来。不过这些引进的物种，都不是五道黑的对手，自从新疆大头鱼消失后，五道黑的产量直线上升，并且在20世纪80年代末达到顶峰。

直到1991年，不甘寂寞的人又把池沼公鱼引进了博斯腾湖。它

知识点

洄游

有些鱼类在其生命活动的过程中，在一定的时期，沿着一定的路线，进行集群的迁移活动，这种现象称为洄游。

根据洄游的目的不同可分为：生殖洄游、索饵洄游和越冬洄游三种类型。比如：生殖洄游(又称产卵洄游)就是有的鱼类为了寻求适宜的产卵条件，保证鱼卵和幼鱼能在良好的环境中发育，常常要进行由越冬场或育肥场向产卵场的集群移动。洄游的方向依种类而异，有由海洋向江河，或由江河下游向上游的溯河洄游；有由江河向海洋的降河洄游；也有由深海、外海游向浅海或近岸的洄游等。

洄游的特点是具有周期性、定向性和集群性的长距离游动。这些鱼类通过寻找它们在不同生理阶段所需要的环境条件，从而完成繁殖、发育、生长等各项生命活动。这是鱼类长期适应外界环境变化而逐渐形成的一种习性。

中华绒螯蟹

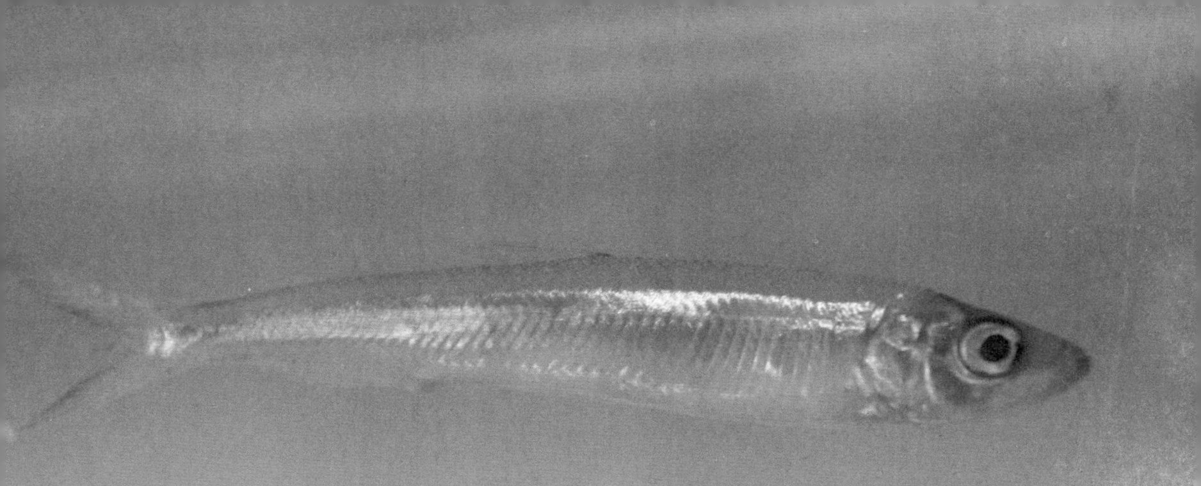

是一种体形更小的鱼，体长仅有10厘米左右，但肉味鲜美、营养丰富，而且整体可食，因受到日本、韩国消费者的喜爱，所以有较高的出口创汇价值。不过，从外表上看，如果把五道黑比喻成博斯腾湖中的一群狼，池沼公鱼就如同是纤弱的小绵羊。但是，最后却是池沼公鱼这群披着羊皮的狼，把五道黑杀得落花流水，几乎片甲不留。

池沼公鱼

池沼公鱼在分类学上隶属于鲑形目胡瓜鱼科公鱼属，原产于北太平洋和北冰洋沿岸，在我国仅分布于黑龙江、图们江下游以及鸭绿江中下游。它的繁殖力更强，不仅一年即可达到性成熟，怀卵量也很大，平均可以怀卵11403个，这个数字是相当惊人的。以至于当它在博斯腾湖扎根以后，当地人形容湖中的池沼公鱼的密度，"像天上的星星一样成堆"，以至后来由于密度过大，食物、空间竞争太激烈，使得自身个体普遍变小。不过，池沼公鱼是一年生鱼类，繁殖任务完成后，基本上亲鱼都会死去，只有极少数可以存活到第二年。

就是这种小鱼，将五道黑剿灭新疆大头鱼的方式如法炮制，又将五道黑逼上了绝路。池沼公鱼在这一过程中，似乎扮演了复仇者的角色，重演了一遍历史。它的产卵繁殖又比五道黑略早一些，因此五道黑的后代就成了池沼公鱼育苗的饵料。五道黑虽然能够吃掉池沼公鱼，但这种繁殖力超强的小鱼，数量上占有绝对的优势，从而将对手的后代统统杀死在摇篮中。1991年，博斯腾

池沼公鱼整体可食

鸭绿江

湖从乌鲁木齐附近的柴窝铺湖引进了1亿粒池沼公鱼的卵，10年工夫，五道黑的年产量就从高峰时的1750吨减少到10吨了。

这就是物种之间的战争，以新疆大头鱼为代表的土著鱼类，被外来入侵物种五道黑打败，五道黑又被新的外来入侵物种池沼公鱼打败，这个连环过程都是小鱼打败大鱼，都是利用繁殖时间不一样，打了个时间差，进攻对方的弱势群体，取得最后的胜利。其实所有的外来入侵物种，都是因为自身有一些突出的特点，或是适应能力强、或是繁殖能力强、或有克制土著种生存的技能，它们之间的战争，是自然法则，人类无能为力。但是，人类是这场战争的发起者，没有人类的引入，五道黑不会从更寒冷的乌伦古湖翻越天山，来到天山南麓

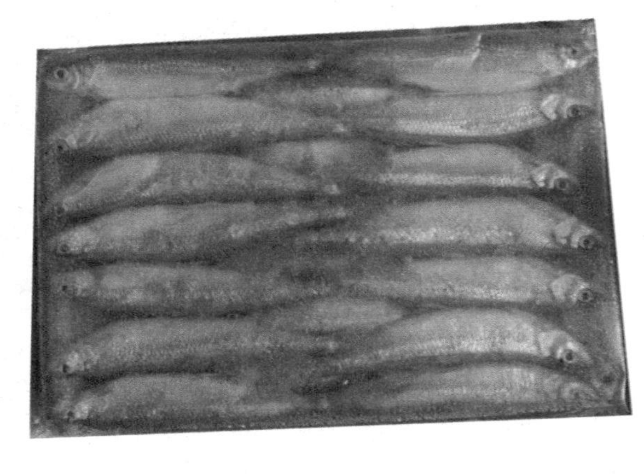

市场上出售的池沼公鱼

的博斯腾湖；没有人类对外汇收入的追求，池沼公鱼没法从黑龙江、图们江游到博斯腾湖。因此，人类才是这一系列糟糕的事情发生的罪魁祸首。

工作人员查看鱼苗生长情况

令人忧心的博斯腾湖

说到新疆，人们脑海里总是浮现出大漠、戈壁、维吾尔族风情，想到的是干旱、物产稀少，其实每一片土地都有自己独特的气候、地理特点和生态系统，它们是这片土地亿万年变迁的见证，也许还是预测未来地球变化的依据，人们应该遵循自然规律，顺应自然规律，把每一片土地管理好、利用好。

从1962年至2007年，博斯腾湖有据可查的一共引进了24种水产品，加上无意中带入的其他鱼种，博斯腾湖共计有32种鱼类，但原有的5种土著种全部在博斯腾湖消失。值得庆幸的是，2004年，新疆维吾尔自治区修订了渔业法，加强了对外来入侵物种的防治，并建立了水生动植物保护中心，当地的鱼类学者也开始了一系列挽救新疆土著鱼类的工作，并且在阿克苏河下游的艾西曼湖群、车尔臣河的

将河鲈幼苗投放至乌伦古湖

人工繁殖的新疆大头鱼鱼苗又重新回到了博斯腾湖，不过以前它是一家独大，现在这里有32种鱼与它竞争

喀依拉克湖和渭干河的拜城县克孜尔水库等地发现了少量的新疆大头鱼，然后利用这些种群进行人工繁殖，在2005年获得成功，首批通过人工催产手段获得的1万尾新疆大头鱼的鱼苗被投放到克孜尔水库。2010年8月，人工繁殖的新疆大头鱼鱼苗又回到了它们离别了26年的故乡——博斯腾湖，不过以前它是一家独大，现在这里有32种鱼与它竞争，最终结果会是如何，只能拭目以待。

博斯腾湖还有一个令人忧虑的情况是，目前湖中渔业产量远远超过了湖泊的自然承受能力，这会导致整个水体水质发生更加恶劣的变化。由于人工大量投喂、湖中鱼的养殖密度过高，浮游生物大量繁殖等原因，水体溶氧量下降，博斯腾湖目前已经从贫营养水体发展到中营养状态，一旦富营养化，那将是湖中所有水生生物的噩梦。

河鲈标本

还有，就是本文前面提到的，由于周围工农业和生活用水量的不断增加，而湖水的蒸发量大于入水量，导致博斯腾湖面积逐年减小，盐碱化程度加重。如何解决博斯腾湖的重重危机，人们还任重道远。

（杨静）

深度阅读

潘勇，曹文宣，徐立蒲等. 2006. 国内外鱼类入侵的历史及途径. 大连水产学院学报，21(1): 72-78.

唐富江，姜作发，阿达可白克·可尔江等. 2009. 新疆乌伦古湖河鲈二十年来种群生长变化及原因. 湖泊科学，21(1): 117-122.

王迪，吴军，窦寅等. 2009. 中国境内异地引种鱼类环境风险研究. 安徽农业科学，37(18): 8544-8546.

陈小华，游志能. 2011. 鱼类外来物种入侵的法律管制分析. 中国渔业经济，29(3): 127-133.

徐海根，强胜. 2011. 中国外来入侵生物. 1-684. 科学出版社.

纹藤壶

Balanus amphitrite amphitrite Darwin

对于人工红树林来说，人们可以选择一些不适合藤壶固着的红树种类，如秋茄等，以及选择高程较高的滩涂或者人工垫高滩涂的高程等方法，即可有效地减轻纹藤壶的危害。

俄国战舰的船底都挂满了藤壶，致使船速大大下降，因而在海上遭遇战中吃了大亏

大战中的小角色

1904年2月9日，日本突然袭击停泊在旅顺口的俄国太平洋舰队，日俄战争爆发。同年8月10日的一场激烈海战之后，俄国太平洋舰队已经溃不成军。为了挽回海上战场的颓势，沙皇政府决定将波罗的海舰队改建为第二太平洋舰队，并于当年10月间开始从波罗的海经大西洋、印度洋、西太平洋驰援日本海战场。不料，这支拥有四五十艘舰只的舰队历经千辛万苦，终于在1905年5月27～28日驶入韩国与日本之间的对马海峡时，却遭到了日本舰队的伏击，经两天激战，其三分之二的舰只被摧毁，几乎全军覆没，而日本海军大获全胜，仅损失了三艘鱼雷艇。这也成为世界海战史上双方损失最为悬殊的一场海战。

庞大的俄国第二太平洋舰队之所以败在日本海军手下，除了沙皇政府腐败、军事指挥失误等原因外，另一个重要原因却要归之于一类体型微小的海洋动物——藤壶。原来，藤壶具有高度的黏着性能，可以牢牢地黏附于船体上，任凭惊涛骇浪拍打，也不能将它们冲刷掉。由于这支仓促组建的俄国舰队从波罗的海经大西洋，绕好望角，过印度洋，穿马六甲海峡，再北上日本海，航程达17800余海里，在热带和温带海洋中足足行驶了半年多的时间，结果是每艘战舰的船底都挂满了藤壶，致使船速大大下降，因而在海上遭遇战中吃了大亏。而日本军舰数量虽少，但大多新下水，航速快。他们正是利用了这种优势才挫败了强敌。藤壶，这种看似弱小的生物竟然导致了一个庞大舰队的覆没！

不只是出现在纷飞的战火中，当我们在海滨度夏的时候，也常常在海边的岩石上面看到密密麻麻黏附着的一簇簇圆锥形的灰白色的“小火山”，这就是藤壶。

藤壶不仅能固着在岩石、船体及海上其他人工设施上，甚至还能在鲸、海龟的身体上，以及贝壳和海蟹的甲壳上安家。可以说，凡是比较硬一点的表面，均可被藤壶附着。藤壶对海水的盐度、温度等环境条件具有很强的适应性，因而能广泛地分布于各种不同的海域。它们还能和一些海洋动物共栖，并有一定的身体变形。例如，与海绵共栖的种类呈卵圆形，壳质脆薄；与柳珊瑚共栖的种类，其基底延长呈圆筒状。

海底景观

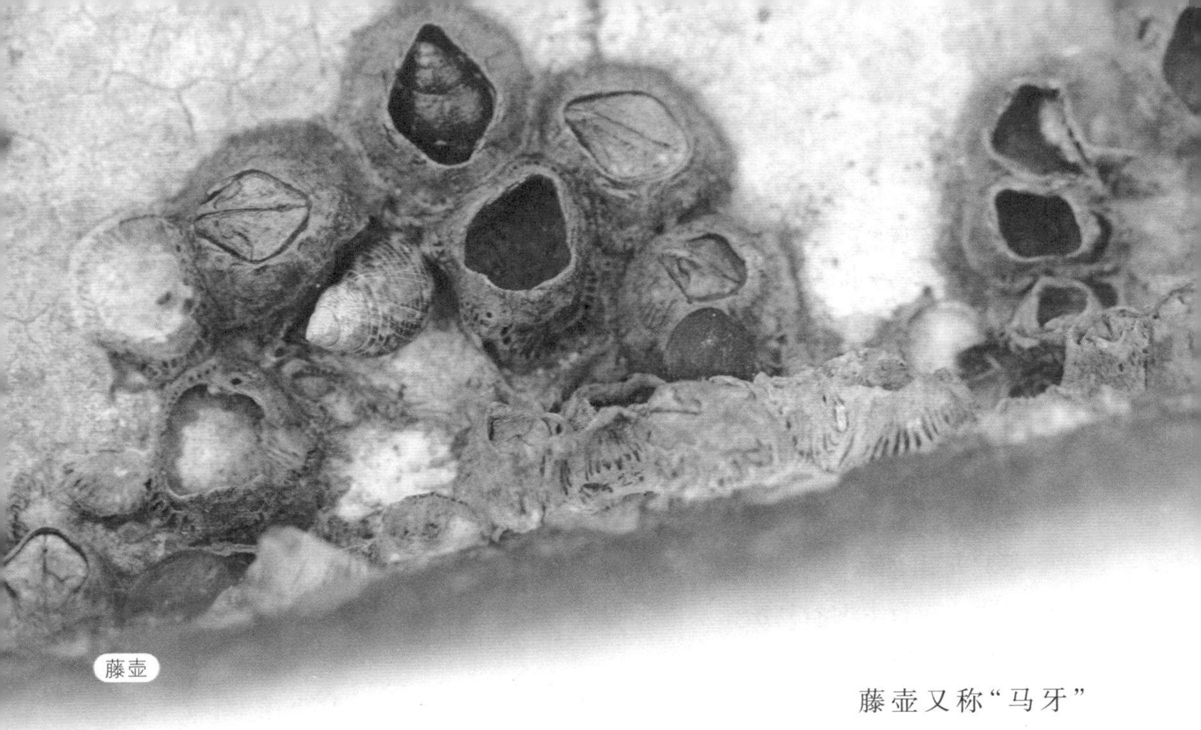

藤壶

藤壶又称“马牙”或“蚵沏仔”，由于其具有坚硬的石灰质壳，所以常常被人们看成是软体动物，直到人们发现了它们的幼体之后，才发现实际上并非如此。它是一类高度特化的甲壳动物，在长期的演化过程中，形成了一系列适应附着生活的独特性状。

藤壶的体表被有圆椎形的石灰质壳，壳两侧对称，由4片、6片或8片壳板相互镶嵌围绕而成，其中包括一片峰板，一片吻板及1～3对侧板，基部又以藤壶胶相黏合。它的身体分节不明显，腹面朝上，背面向下，明显与虾、蟹等其他甲壳动物都不同。

藤壶的头部较小，有4对头肢，第1触角细小，位于壳底部中央，用来附着。后3对为口肢，位于口的周围，包括1对大颚与2对小颚。胸部发达，有6对胸肢，长而多节，卷曲如蔓草一样，所以特称其为蔓足。胸肢丧失游泳与爬行机能，仅用来摄食，其中第1和第2对蔓足特化成颚足，可将食物捕捉送到口中。蔓足上都被有刚毛，尤其是前侧，刚毛特别多，通过节律性的拨动可过滤水流中的有机碎屑，并进行呼吸。

藤壶的口肢、胸肢与交接器可自壳口伸出，壳口有由4块壳板组成的壳盖。蔓足伸展时将壳盖推开，身体以倒立姿势伸出，缩回后，壳盖随即关上。藤壶启闭壳盖时能防止毒素的侵入，还可抖落掉身体外面、外套内面以及躯干与附肢上的污杂物。壳的这种构造能很好地保护它柔软的身体、抵御海浪冲击，还可以平衡酸碱度。外套膜由皮肤皱褶延长形成，自背侧包裹整个软体部分，但左右两侧的外套膜并不相互愈合，在壳口处留有外套孔，口器、胸肢与交接器可从孔内伸出。软体部分与壳基部之间即为外套腔。

藤壶为滤食性动物，遇到较大颗粒的食物便由蔓足直接送到口，而颗粒比较小的食物则由蔓足上腺体分泌物包裹后再送到口，然后按照食物的性质选择或吞吃或遗弃。藤壶的蔓足运动迅速。每当涨潮时被潮水淹没以后，藤壶的像阀门一样的壳板就会自动打开，伸出丝状小手一样的蔓足，时而向前，时而向后，摇摇摆摆地在水中寻找食物，当捕捉到细小的浮游生物或有机碎屑后，就缩进壳里，忙着进餐了。

知识点

共栖与共生

共栖是两种都能独立生存的生物以一定的关系生活在一起，各自能从中获得一定利益的现象。例如海葵附着在有寄居蟹匿居的贝壳壳口周围，利用寄居蟹作为运动工具，并以它吃剩的残屑为食，同时寄居蟹也受到了海葵具有攻击能力的刺细胞的保护。

共生是两种生物或两种中的一种由于不能独立生存而共同生活在一起，或一种生活于另一种体内，互相依赖，各自能从中获得一定利益的现象。例如白蚁喜欢吃木材纤维，自己却不能消化吸收，但在它的肠道里生活着一种能将木材纤维分解的鞭毛虫。这样，白蚁依赖鞭毛虫获得了营养，而鞭毛虫也受到了白蚁的保护。

群聚的生活

藤壶的生活史可概括为两个主要的阶段：即浮游生活阶段和固着生活阶段。

藤壶腹部已经极度退化，仅余一个交配器，从第6对蔓足的基部伸出。由于它的身体无法移动，所以交配器的长度对受精有着非常重要的作用。藤壶虽然是雌雄同体的动物，但必须进行异体受精，而且必须是通过交配而在体内受精。因此，藤壶性成熟时，其交配器便随着蔓足在水中游动，寻找周围对其有反应的“配偶”。然后，充当“丈夫”的个体便将能伸缩的鞭状交配器伸入充当“妻子”的相邻个体的外套腔中，进行交配，并排出精子；卵子却被包裹在卵囊内，直到交配3～4天以后，卵子在卵囊中发育成熟，精子才穿过卵囊膜上的细孔与卵子结合，完成受精过程。藤壶幼体分为无节幼体和腺介幼体（也称金星幼体）两个阶段。受精卵在“母体”的外套腔内发育成无节幼体后才孵化。藤壶的无节幼体与腺介幼体均营浮游生活，这一生活方式非常有助于它们种群的扩散。

大多数藤壶的无节幼体共有6龄，发育周期为2～3周，然后在浮游生物中吸取养分并蜕变成腺介幼体。腺介幼体是一种特殊的幼体形式，它有颇似介形类动物的壳瓣，而且无须摄食，处于高度节能状态。它们在这一阶段的“工作”就是选择附着、变态的适宜地点。浮游着的腺介幼体在大海里随波逐浪，自由自在，很快就被流动的水流牵引到可以附着的底质上。它们开始用其小触角以有规律的“步伐”在底质表面上运动，运动的距离一般较短，每一步都很少改变方向

固着在岩石上的藤壶

或停止，并且试探着进行暂时的附着。这种附着是可逆的，故称为暂时黏接。如果腺介幼体不变态，它们就能重新恢复为游泳阶段，因为这时它们还仍然保留着游泳的能力。事实上，腺介幼体的附着也会受到附着底质的物理、化学、生物等诸多方面因素的影响。当腺介幼体找到适宜的附着物后，它就从其第一触角第三节的附着吸盘的开口处分泌出胶体腺，将第一触角用胶体包围，便固着在岩石、木头或者较大的贝类等基质上，开始了真正的固着生活，由暂时黏接转变为永久性黏接。然后，腺介幼体经变态发育，脱去壳瓣，身体四周的甲壳也长出来了，便成为幼藤壶，最后再变态为成体。

固着在石柱上的藤壶

固着在人工设施上的藤壶

藤壶在幼体阶段和成体阶段都会分泌胶体，幼体藤壶分泌的为幼体胶，成体藤壶分泌的为成体胶。藤壶成体在附着基表面分泌的藤壶胶，使附着更加牢固。刚分泌出的胶透明、无黏性，通过毛细管作用渗透到基材的空隙中，在6小时内聚合成不透明的橡胶块。这种胶体与附着物基材表面发生黏接的聚合过程使该胶体具有较大的内聚强度和抗生物降解性。

海洋中附着基表面的粗糙程度、光线及颜色等，都会影响藤壶腺介幼体对附着物的选择。越粗糙的表面越利于藤壶的附着。海水透光度差也是一个有利因素，因为藤壶喜欢附着在比较黑暗

固着在贻贝上的藤壶

的条件下。就颜色而言，白色和黑色对藤壶幼体的附着影响不大，但腺介幼体更倾向于在橘色和绿色的表面附着，而不喜欢在黄色的表面附着。另外，海水的理化因子，包括盐度、温度等，往往都会影响腺介幼体的附着、变态。

由于藤壶的成体营固着生活，这就决定了它们必须是群聚生活，否则就无法进行正常的受精并延续种群。因此，群聚生活是藤壶生殖策略的需要，自然界绝无单独的藤壶个体附着的现象出现。藤壶群聚的密度最大可达每平方米5000多个。

潮间带是藤壶固着的主要环境。由于潮汐活动频繁，生态环境复杂多变，食物相对比较匮乏，藤壶在潮间带的不同高度上的垂直分布也有变化。高潮区由于潮汐活动频繁，大部分时间都暴露在海水水面之上，因此生态环境极不稳定，藤壶无法在这样恶劣的环境生存。中潮区上层潮汐活动仍然频繁，但是暴露在海水水面上的时间已远远短于高潮区，因此，有少数耐干旱的藤壶可在这一潮区生活。随着环境条件的逐渐稳定以及浮游生物、有机碎屑等饵料的增加，生活于中潮区中、下层的藤壶密度已远大于中潮区上层。生态环境最

固着在石柱基部的藤壶

为优越的是低潮区，这里潮汐活动稳定，暴露在空气的时间极短，而且生物饵料与有机碎屑极为丰富，因此，生活在这里的藤壶密度最大、区域最广，甚至还会出现相互重叠、立体发展的状况。

藤壶具有更喜欢在迎浪面固着的特点，绝大多数个体都在迎浪面附着，这可能更有利于藤壶的捕食，因为食物必须由潮汐携带。在风浪较小的背浪面，藤壶分布密度很少，而且是呈不连续的丛块状分布。

柄海鞘(左)和玻璃海鞘(右)都是外来入侵的污损生物

藤壶的“七宗罪”

自从人类从事海洋活动以来，海洋生物污损问题就成为制约人们对海洋资源开发利用的一个瓶颈。尤其是近年来，随着航运、海防、水产养殖以及海滨电厂的发展，海洋生物污损所带来的危害越来越严重。

海洋生物污损就是由海洋污损生物所造成的各种危害，而海洋污损生物的种类很多，包括海洋微生物、海洋植物和海洋动物等。目前全世界记录的海洋污损生物种类有4000余种，我国已记录的有600多种，主要的类群是藻类、水螅、外肛动物、龙介虫、藤壶和海鞘等。

藤壶由于其独特的形态结构、生活史和生理习性，是海洋污损生物中最主要的成员之一。有人甚至认为，藤壶的危害已经占了海洋生物污损的70%。

藤壶劣迹斑斑，罄竹难书，堪称是海洋污损生物中的“急先锋”，人们初步归纳的就有“七宗罪”：

一、藤壶最大的危害就是增加船舶行驶

苔藓虫也是海洋污损生物

外来入侵的沙筛贝与其他海洋污损生物一起形成了“泥团子”

的阻力。藤壶常常成为船舶底部的“不速之客”。由于藤壶的附着，使得船舶吃水线以下部分粗糙度增加，在航行时的阻力加大，导致船舶的航行速度降低，增加了燃料的消耗，造成了巨大的经济损失。我国有一艘万吨巨轮，于1972年在意大利的西西里亚港停泊了28天后，其船底受到藤壶的严重污损，致使在回国途中航速由原来的18节降到15节，从而增加了半个月的航行时间，多耗燃料达500吨。

二、沿海工厂、海上石油平台、海上电站等建筑设施若被藤壶附着，则会使这些设施的自重增加，加大其外载负荷，削弱了其抵抗风暴、巨浪的能力，使其容易倾斜、倒塌。当海啸、地震、风暴潮来临

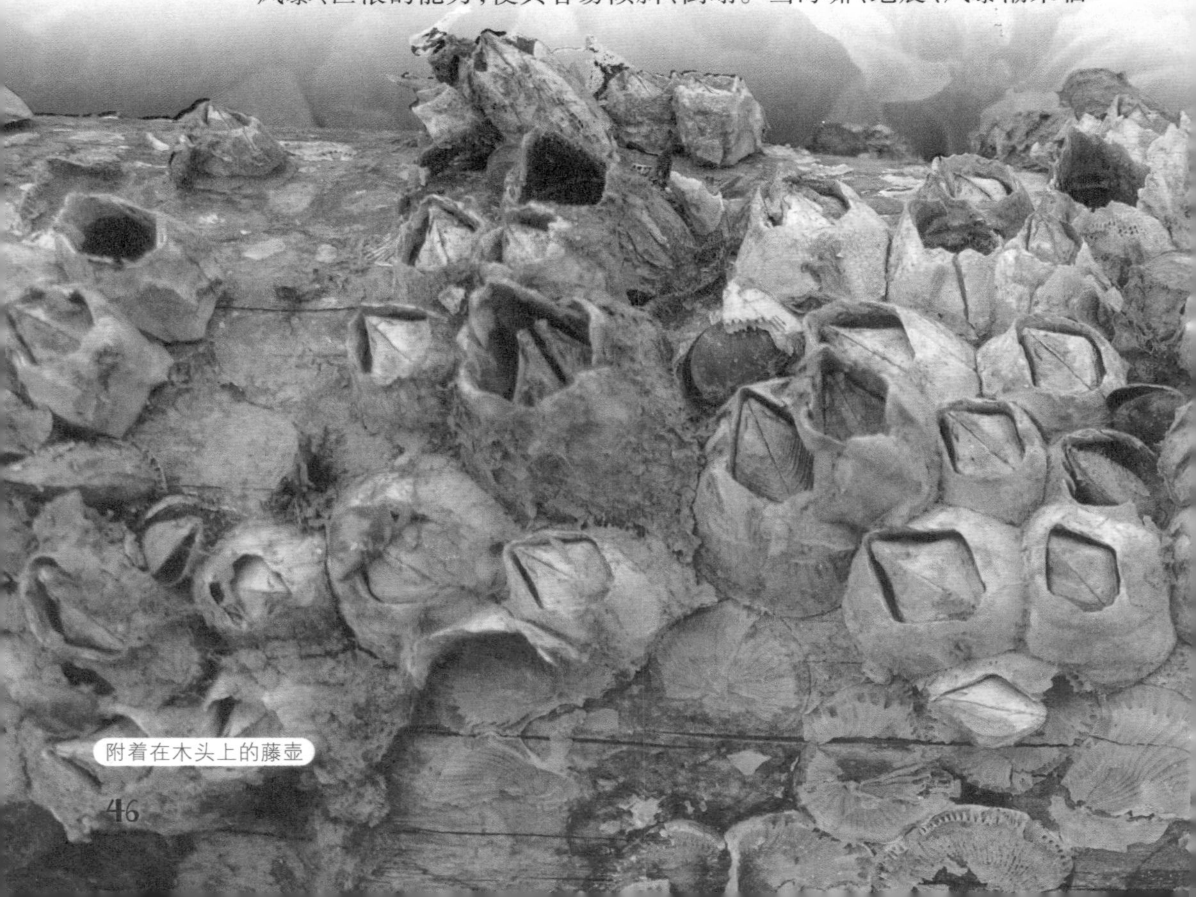
附着在木头上的藤壶

时，其危险性更大。

三、沿海或海洋中凡是使用海水的管道都深受藤壶的危害，如海水淡化工厂、海上石油平台、海上电站和深海热交换等设施的引水渠道、冷却水管、冷凝管和卫生管道。藤壶的附着会增加管道内壁的粗糙面，缩小管道的管径甚至堵塞这些管道，它们一旦脱落还会堵塞阀门，从而造成进水或排水管道不畅，降低海水淡化效果，影响海水的冷却效果，增加了事故风险。藤壶的大量附着还能造成局部腐蚀，甚至可导致管壁穿孔。

四、藤壶能引起淹浸在海水中的材料的腐蚀，加快其电化学腐蚀的过程和速度。即使是涂了防护漆的金属表面，藤壶在生长过程中也能刺穿漆膜，使金属裸露而被腐蚀。

例如，藤壶附着1～2个月后，如果个体死亡，在其死壳基座下的金属板上，就可以发生2～5毫米深的腐蚀坑。在细菌的参与下，藤壶内部有机体腐烂，引起局部环境的酸化，在藤壶底板最薄的地方（第一触角处）打开缺口，使金属处在藤壶壳内的缺氧酸性环境中，腐蚀产物会逐步涌上藤壶壳口处

附着在船底的藤壶

藤壶

吐出，“长出”鲜艳的锈物，犹如开花，因此被称为“藤壶开花腐蚀”。这种腐蚀的结果会导致金属材料的坑蚀甚至穿孔。

五、藤壶附着妨碍军事设施及民用、科研仪器的正常工作，降低传感器、仪表及传动部件的灵敏度，甚至损坏仪器。藤壶生长迅速，如果附着在间歇性转动的仪器或机械上，即会影响其活动性能，对仪器造成严重的磨损和伤害。岸用及船用声纳、鱼群探测仪和水中的水听器等，都可能受藤壶等生物污损的影响，产生仪表及转动机构失灵等现象。

六、藤壶的危害还表现在水产养殖方面，尤其对虾、蟹以及牡蛎、扇贝、珍珠贝等贝类养殖的危害极大。大量的藤壶附着不仅能对育苗器具造成损害，增加海上设施的重量，而且会堵塞养殖网箱的网孔，阻碍箱内、外水体交换，使得养殖网箱的寿命缩短，妨碍养殖对象的生长发育，影响水产养殖的产量、产值。大量的藤壶还会与养殖生物竞争附着基、饵料、水体，造成水体污染，甚至会引起养殖生物的死亡。藤壶对珍珠贝养殖的危害还表现在间接影响珍珠贝钙的代谢，从而影响珍珠的质量。

七、藤壶附着于红树林上，能严重影响植株的光合作用、新陈代谢，影响红树林的生长速度，过厚过重的藤壶负载甚至会造成幼苗折断死亡。

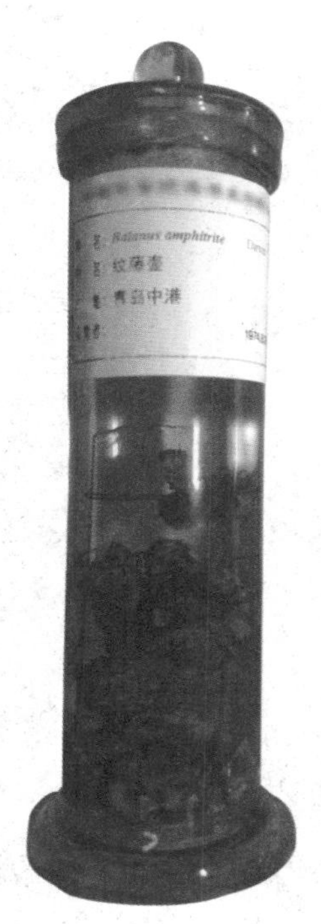

纹藤壶

藤壶中的“破坏王”

上面所说的“七宗罪”，并非所有的藤壶种类都参与其中，通常是某些种类在搞“破坏”活动。

不过，有一种在我国沿海各地都很常见的藤壶则是十分“可恶”，它几乎参与了藤壶所有的“破坏”活动。它就是纹藤壶*Balanus amphitrite amphitrite* Darwin。

纹藤壶的模样在藤壶中是比较“标准”的。它的壳为圆锥形，顶

藤壶附着在贻贝上，妨碍贻贝的生长发育

对虾

缘平行于基底。壳表光滑，底色呈白色。高度大约在5毫米左右。它的壳口比较大，呈斜方形。自顶端到底缘有放射状的紫红色纵条纹，愈近底缘愈宽。它的背板很宽，呈三角形，表面生长线呈波浪形弯曲。

纹藤壶通常在6～11月间附着，附着的高峰期在8月。它是一个外来入侵物种，不过对于它的来历已经无从查考，估计通过船底携带而来的可能性非常大。重要的是，现在它已经成为遍布我国沿海的海洋污损生物中的“破坏王”。

让我们先看看纹藤壶是怎样对对虾、扇贝等海水养殖业进行破坏的。

纹藤壶是对虾养殖塘污损生物的优势种，塘内及进出水沟道的硬相底质处皆有分布。它对底质要求不严格，其附着基包括塘内的石块、石壁、砖块、陶瓷碎块、塑料薄膜、泡沫板、竹桩、木块、船底、有

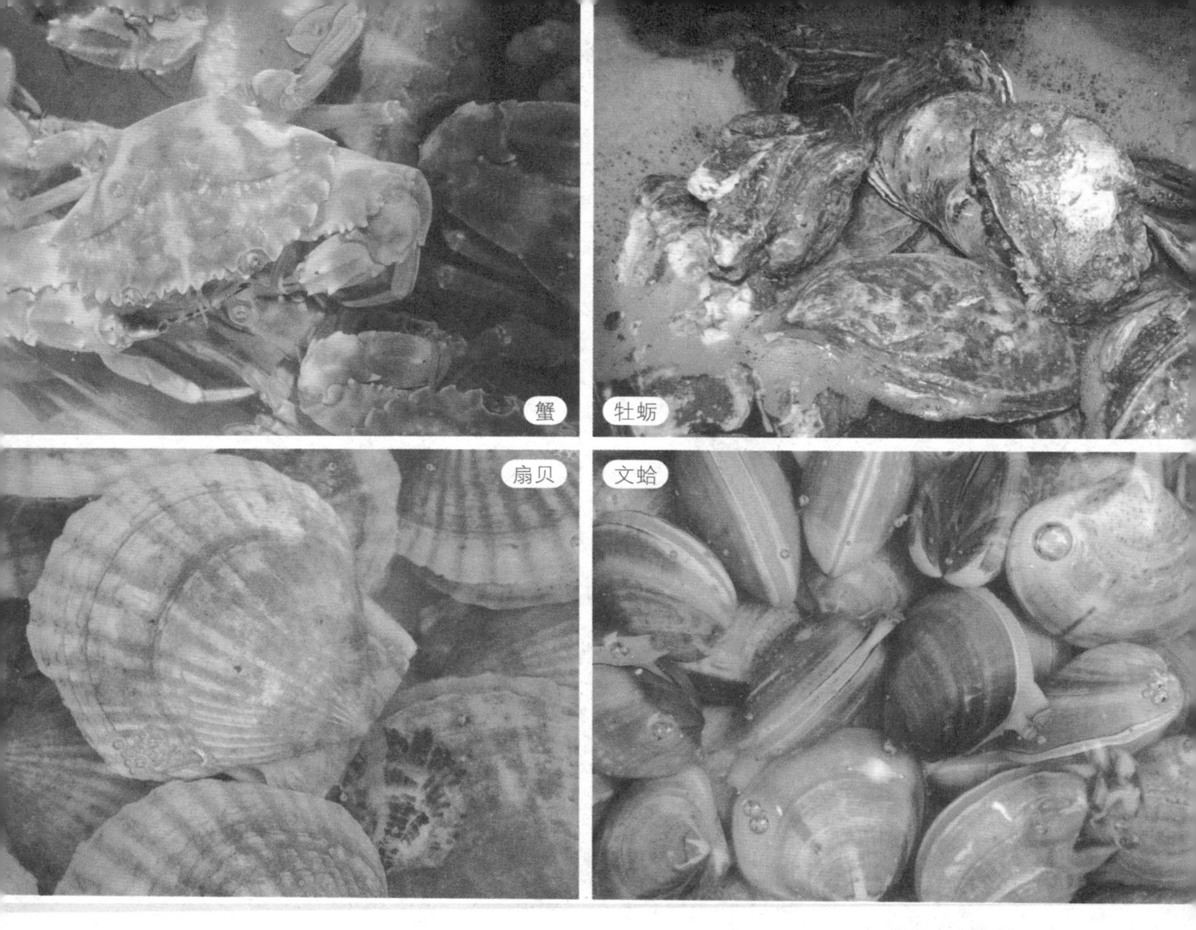

受藤壶危害的海产品

机玻璃、贝壳、螺壳和虾塘进出水闸处的水泥壁等。不过，因底质的种类不同，它的附着量也有差异，在塘内散落各处的石块和进出水口处的石壁处纹藤壶附着量最大，而易被虾塘进排水水流冲击而动的和体积较小、受泥沙影响较大的硬相底质都不利于纹藤壶幼体附着。

在扇贝养殖场，纹藤壶在扇贝上以群体附着为主，这可能是由于扇贝无专门进出水管，其滤食所引起周围水的运动，并带动有机碎屑等藤壶的主要饵料呈弥漫性分布，降低了个体间对饵料的竞争，使纹藤壶个体获得食物的机会趋于均等。

扇贝的顶部是纹藤壶主要附着的地方，其次是耳部，这主要是由于与扇贝虽未形成专门的进出水管，但有一定的进出水部位，使有机碎屑主要集中在扇贝的顶部周围，因此纹藤壶附着于其顶部和耳部，较易获得饵料，有利于其生存。

就这样，纹藤壶侵占了对虾、贝类养殖塘等各种经济养殖动物

红树林

的生活区域，与养殖的对虾、贝类等竞争饵料、空间等资源，从而影响了这些水产经济动物的质量和产量。

再来看看纹藤壶对红树林的破坏。

红树林为分布在热带、亚热带海岸及河口潮间带的木本植物群

落。它通过凋落物形式提供给河口港湾的有机物质等生源要素和能量,是海区生物量和生物能源的供应者之一。以其为初级生产力所组成的红树林生态系统,是世界上生物种类最丰富、初级生产力最高的海洋生态系统之一。

附着在红树树干上的藤壶

作为沿海防护林的第一道屏障，红树林对风浪具有强大的“消能”作用，同时其发达的根系，交织纵横，具有很强的固土能力，对固堤护岸、保护沿海的各种设施、景观有很好的作用。此外，红树林还有过滤陆源入海污染物、减少海域赤潮发生、美化环境及提供林产自然资源等多种作用，其经济效益、社会效益和生态效益均十分显著。

但是，当前由于港口码头建设、围海造陆、围塘养殖、砍伐等人为干扰，使红树林受到严重破坏，面积急剧减少，并危及了海岸带的生态环境。此外，藤壶也已经成为影响红树林幼苗正常生长发育的关键胁迫因子之一，对红树林的健康成长造成了严重的威胁。

在红树林区，红树的茎干成为藤壶的主要附着基。当藤壶附着在红树上后，对红树植株的光合作用产生严重影响并妨碍红树茎干皮孔的新陈代谢。在水流较急、盐度较高的地方，藤壶附着量更大，甚至还可以形成多层附着，在潮水的反复冲刷下，过厚过重的藤壶负载会造成红树植株不堪重负，而出现扭曲变形的现象，有的甚至最终被冲倒而逐渐死亡。在地势比较平坦，水流比较缓慢的地方，虽然藤壶的附着一般不会引起植株死亡，但可能导致植株的株高生长缓慢，对植株生长造成明显的制约。

因此，有效地控制藤壶及其幼体在红树茎干上的附着是防治其危害的主要工作。从前，毒杀红树上附着藤壶的主要方法是将加有农药的油漆涂抹在红树植株茎干上，现在则是将既具有毒杀效果又对环境无污染的植物提取物作为农药替代物添加到油漆中，用来杀灭或驱避藤壶幼体，从而在保护海洋环境的前提下，减轻污损生物对红树林的影响。

由于红树林生长在潮间带，有一定的水淹和干露时间，因此只能在退潮时将毒杀物涂抹在藤壶表面加以杀除。如果所用的植物提取物不能在短时间内杀灭藤壶，则该植物提取物的毒杀效果就会在潮水浸淹后大为减弱，甚至完全无效。

对于人工红树林来说，人们可以选择一些不适合藤壶固着的红树种类，如秋茄等，以及选择高程较高的滩涂或者人工垫高滩涂的高程等方法，即可有效地减轻纹藤壶的危害。因为，藤壶在不同的红树植物植株上的分布具有一定规律性，对于秋茄来说，纹藤壶等大型藤壶位于较低位置，而且纹藤壶的数量随植株所处滩涂高程和树层的增高而锐减。

秋茄花

秋茄

防除需靠高科技

藤壶是船舶的天敌，这个问题一直困扰着全世界的船主们。一旦一艘船只黏附上藤壶，其速度会减少10%，而耗油量会上升40%。全球航运业每年为此耗资巨大。除了航运业，海洋经济的其他方面也深受其害。减轻藤壶等海洋污损生物的危害，只有两个办法：一个是除，一个是防。自古至今，人们为了这两点可谓绞尽了脑汁，但这个问题目前依然是令全世界都头疼的难题。

先说“除”。如果要把藤壶从附着物体上取下来，即使花上“九牛二虎”之力，也不见得能够如愿。人们哪怕只打算从礁岩上取下一片藤壶，那也得连带着剥下一片岩石块才行。同样，人们如果用刮刀等工具在涂有防锈油漆的船体上铲除藤壶，就会将油漆成片地一起剥离，使船底防锈涂层遭到破坏，更令人啼笑皆非的是，藤壶的幼体很快会再次在这里附着。

古罗马人曾经发现铜钉子可释放出有毒物质，能够帮助杀死藤壶。现代人则采用注入淡水，改变藤壶周围水的渗透压，以及人为使水温高于藤壶的环境水温等方法促使其死亡。不过，这些方法的效果都不明显。

于是，人们只好把精力放在“防”上了。说到“防”，古希腊人曾用沥青来对付它们。现代人首先采用的是拦污栅、旋转滤网等手段，试图将它们拦截住；后来又发明了许多基于物理、化学原理的办法。

珊瑚

例如，对浸没于海水中的各种固体物质及设施，如船舶或水下建筑设施，可采用改变附着物的颜色及附着环境等实现防除附着的目的；还可以用物理的方法，将船舶或设施的壁面流速设计在规定值以上，通过局部较高流速来阻止藤壶等污损生物的附着；对于利用海水资源的海水冷却、循环系统和海上平台以及港口的海水管道系统可以用电解海水的方法，在使用海水的海水管道系统中，通过安装一个装置，利用铜阳极、铝或铁阳极电解后生成的少量氢氧化物的絮状物，附着于海水管系的内壁上，从而在整个管系中形成一层很薄的保护层，以防止藤壶的附着，并对海水腐蚀也有很好的防护作用。这个方法具有安全可靠，防污彻底，不会对环境造成影响的特点。但是在使用过程中，人们需要对这个设备经常进行维护。

此外，改变构筑物及仪器设备材料的质地，在合适的地方使用不易被污损的材料，也是多途径防附着、防污损的一种不错的选择。

采用涂敷防污漆对付企图附着船底的藤壶等海洋污损生物，以利用其排除或毒杀作用，是一个重要的方法。不过，长期以来，人们使用的防污漆由于含有氧化亚铜、有机锡和化学农药等毒物，给环境造成了一定程度的污染，并引发了越来越多的海洋环境问题，因而相继被禁用或限用。

最近，英国科学家将一种相当于人类头发千分之一粗细的碳纳米管融进油漆中，研制出了一种可阻止藤壶附着的涂料。碳纳米管可在分子水平改变油漆表面，当船舶移动时，藤壶等附着生物可被轻易冲走。

更多的“环境友好型”海洋污损生物防除剂，是利用各种海洋生物和陆生植物来开发和研制的，一般需要同时满足低浓度下具有活性、价格经济、对人体及其他有机体无害、具有广谱性、无污染、具有生物可降解性等特点。目前主要是从一些海洋生物如红藻、珊瑚、海绵等生物体中提取的具有防污活性的物质，这些生物活性物质包括有机酸、无机酸、内酯、萜类、酚类、甾醇类和吲哚类等天然化合物，它们降解速度快，且不危害海洋生物的生命，有利于保持生态平衡。因此，研制海洋天然产物防污剂已成为获得高效无毒防污剂的重要途径之一。

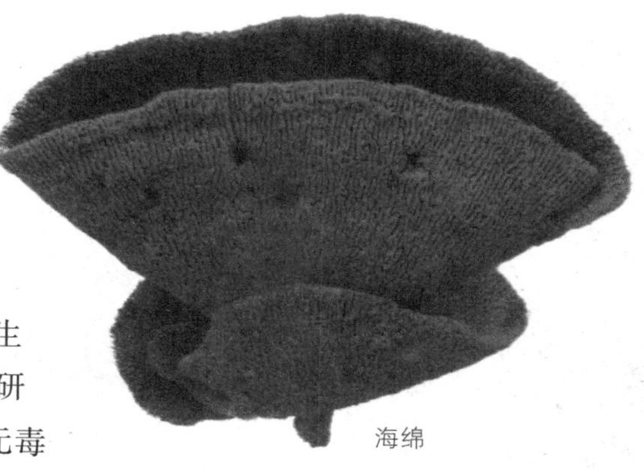
海绵

（李湘涛）

深度阅读

徐海根，强胜. 2004. **中国外来入侵物种编目**. 1-432. 中国环境科学出版社.

徐海根，强胜，韩正敏等. 2004. **中国外来入侵物种的分布与传入路径分析**. 生物多样性，12(6): 626-638.

林秀雁，卢昌义. 2006. **滩涂高程对藤壶附着秋茄幼林影响的初步研究**. 厦门大学学报（自然科学版），45(4): 575-579.

陈长春，项凌云，刘汉奇. 2012. **海洋污损生物藤壶的附着与防除**. 海洋环境科学，31(4): 621-624.

互花米草

Spartina alterniflora Loisel.

对于互花米草的处理要因地制宜。在不同地区，要根据其特点相应地采取不同的处理，综合治理与利用相结合是较为科学的举措，这样既能充分利用互花米草的资源，又能有效地控制其种子的扩散和繁衍，这也是一种具有生态经济效益的利国利民之举。

红树林

反客为主的"洋草"

许多初识红树林的人，都想问一个问题："为什么叫它们红树林呢？它们会变红吗？"

红树林当然是绿色的，只有划开它的树皮，其内侧的韧皮部才有一抹淡淡的红色，这是因为它富含一种叫作单宁的红色物质，红树也因此而得名。

红树林是热带、亚热带滨海泥滩上特有的常绿灌木或乔木的植物群落。它并不是一个树种，而是由许多种红树科植树所构成，其中有叶片呈锯齿状的老鼠簕，茎干呈白色的白骨壤，枝干朝下长、变成一条条支柱根的红海榄，长着像倒挂着的钟一样漂亮红花的木榄，树形高大、枝叶疏散的无瓣海桑，以及水椰、红榄李、海南海桑、卵叶海桑、拟海桑、木果楝、正红树等珍贵树种。

红树林的种子于脱离母树前发芽，所以有胎生植物之称。蜿蜒茂密的红树林就像一道深绿的翡翠镶嵌在海岸线上，密密匝匝，绿意盎然，几乎望不到边。退潮时，它们露出发达的根系进行呼吸；涨潮时，茂密的树干被海水淹没，只露出翠绿的树冠随波荡漾。

红树林是一种无私奉献的树林，它不断凋落果实、枝叶及各种生物碎屑，这些凋落之物成为了食物链的起始端，因而这条食物链也叫“碎屑食物链”。红树林的凋落物，以及仰仗红树林繁衍的海藻们，是浮游动物们的美餐，浮游动物、凋落物、海藻又同时为贝、虾、蟹、多毛类昆虫提供饮食，鱼儿对这些生物都感兴趣，而它们肥硕的身体又被闻风而至拥有长喙的海鸟们盯上了……

对于人类来说，红树林及其生态系统涉及工业、农业、渔业、医药、旅游、生态环境和抵御风暴、海啸、台风等诸多方面，已成为全球生命维持系统的关键性组成部分，具有不可替代的生态、经济和社会效益。

然而，现在在很多地方，出现在人们眼前的红树林只是些零星小块的树丛。而令人吃惊的是，一种蒿草却形成了一道道密不透风的绿墙，伸向遥远的天际。这种植物叫作互花米草，是一种外来入侵物种，就是因为它的大面积繁殖，侵蚀了红树林。它的根系特别发达，而且繁殖能力特强，单株一年可繁殖几十甚至上百株。当初引进它主要是为了护堤，但后来发现，这种长相近似茅草的植物天性自私，它们昌盛之处，其他植物就会因缺养料、生存空间而枯萎。

在很多滩涂上，红树林中有互花米草，互花米草中夹杂着红树林，它们正掰着手腕。一块地方红树林成了气候，互花米草会死去；

互花米草围攻红树林

互花米草生命力旺盛，入侵了红树林的地盘

若红树林生长受挫，互花米草会迅速占领原本属于它的地盘。互花米草在红树林的植株间隙里生长，与红树林争夺着生存空间；而秋茄、木榄、红海榄等红树树种，由于高度不足0.5米，被互花米草埋没后，则因缺乏阳光而无法生长。看来，红树林的适应力显然不如拥有杂草精神的互花米草。

谁会成为滩涂上最后的霸主？一场植物界的生存空间争夺大战正在激烈上演。

互花米草*Spartina alterniflora* Loisel.是我国花钱请来的“洋草”。不过，抢先一步来到我国沿海滩涂的却是大米草*S. angilica* C. E. Hubb.。它和互花米草都是隶属于禾本科米草属的多年生植物。

早在1963年，专家提出了引进与海争地的尖兵——大米草的建议。大米草原产于英国南海岸和法国等地，是一种天然杂交种，植株高10～100厘米，具有耐盐、耐淹、繁殖迅速的特点，可以用来防止海岸被风浪严重侵蚀和增加陆地面积。1907年后，英国用大米草防止了日趋严重的海岸侵蚀，荷兰也靠大米草从海水中争得了世界上第一块新陆地。因此，这个建议引起了有关部门的高度重视，随即先后从

互花米草

英国和丹麦引进了4批大米草苗和种子试种，使我国成为亚洲第一个引种大米草成功的国家。后来，大米草扩展到北起辽宁丹东，南到广西合浦的很多沿海地区。但是，由于我国夏日光照时间少于英国，大米草落户后植株变矮。为了提高海滩植被的生产力，1979年我国又从美国引进了互花米草。

互花米草是一种多年生草本植物，地下部分通常由短而细的须根和长而粗的地下茎（根状茎）组成。根系发达，常密布于地下30厘米深的土层内，有时可深达50～100厘米。植株茎秆坚韧、直立，高可达1～3米，直径在1厘米以上。叶互生，呈长披针形，长可达90厘米，具盐腺，根吸收的盐分大都由盐腺排出体外，因而叶表面往往有白色粉状的盐霜出现。圆锥花序长20～45厘米，具10～20个穗形总状花序，有16～24个小穗，花粉黄色。种子通常在8～12月成熟，颖果呈浅绿色或蜡黄色。互花米草有性繁殖与无性繁殖并行，其繁殖体包括种子、根状茎与断落的植株。它主要以种子繁殖，即用种子育苗后移植海滩；互花米草还以分株的方式进行繁殖，因其地下茎横走迅速，因此一般种植一年后便可产生大量的分株苗。

互花米草生于潮间带。植株耐盐耐淹，抗风浪，种子可随风浪传播。单株一年内可繁殖几十甚至上百株。互花米草适盐范围较宽。有关资料表明，盐度范围在0～35之内互花米草均能生长，在10～20的盐度下可以达到最高的生长量。互花米草是一种喜温性植物，可在热带、亚热带沿海地区种植，也能在较宽广的气候带分布。

互花米草起源于美洲大西洋沿岸从加拿大的纽芬兰到美国的佛罗里达州，以及墨西哥沿岸一带。由于互花米草秸秆密集粗壮、地下根茎发达，能够促进泥沙的快速沉降和淤积，因此，从20世纪初开始，许多国家为了保滩护堤、促淤造陆，先后加以引进，包括英国以及其他一些欧洲的大西洋沿岸国家，还有大洋洲的新西兰等。

我国引进的互花米草，经过30多年的发展，目前已占据我国北起天津、南至广西北海的广大海岸线，成为沿海滩涂的优势植物。

互花米草的花

海三棱藨草景观

互花米草植被密集，可以有效阻缓水流和风浪，对于我国以沙质为主的淤泥海滩来说，能起到更强烈的固滩效果。因此，它被广泛用于护岸固堤的生态工程，旨在弥补先前引进的大米草植株较矮、产量低、不便收割等不足。出色的防风固堤的能力也为互花米草赢得了"生态系统工程师"的美誉。但是人们后来又发现，互花米草的生命力很强，生态耐受幅度很广，所到之处，往往形成单一、密闭、成片的植物种群，渐渐地在很多地方变成了一种害草，主要表现在：破坏近海生物栖息环境，影响滩涂养殖；堵塞航道，影响船只出港；影响海水交换能力，导致水质下降，并诱发赤潮；威胁本土海岸生态系统，致使大片盐沼植物消失等方面。

"固沙利器"赶走了鸟儿

上海崇明东滩国家级鸟类自然保护区是一个国际重要湿地，位于崇明岛的东端，南北濒临长江的入海口，是全球8条鸟类迁徙路线之一——"东亚—澳大利亚路线"的中途停歇点和越冬栖息地。大批迁徙水鸟非常"中意"长江口的特有植物——海三棱藨草、芦苇以及食物丰富的光滩，年年都要在此经停"加油"或落脚避寒。其中有东

小白额雁
东方白鹳
黑鹳

方白鹳、黑脸琵鹭、小白额雁、灰鹤、黑鹳、鸳鸯等290余种鸟类。每到迁徙季节，万鸟齐飞，遮天蔽日，景象十分壮观。

20世纪90年代中期，互花米草作为“固沙利器”被引入崇明东滩，因为它生长快速，植株密集，可以有效阻缓水流和风浪，能起到更强的固滩效果。互花米草果然不负众望，显示出了强劲的固滩能力，让人们看到了向滩涂争取土地资源的前景。

然而，它的迅速扩张，却大大出乎人们的意料。从前，滩涂上错

迁徙的鸟儿

落有致地分布着芦苇带、海三棱藨草带、光滩和潮下带水域，如今却被密集的互花米草取而代之。在东滩围堤上，远远望去堤外蒿草滩涂植物延绵，一直通往远处的海中。然而在一片蒿草中，大部分却是那些青黄色，如同一两米高的麦子一样的植物，这就是互花米草。可是，原来这里都是芦苇和海三棱藨草的天下。

互花米草到来后，先占据了芦苇带、海三棱藨草带的中间位置，不久便迅速扩张，同时与芦苇和海三棱藨草发生竞争，导致东滩芦

海三棱藨草与大杓鹬

苇、海三棱藨草分布面积锐减，最终威胁到迁徙鸟类的食源和栖息地。海三棱藨草的球茎、种子是雁鸭类，以及小天鹅、白头鹤等候鸟的食物，海三棱藨草的日渐消失意味着候鸟食物的消失。互花米草在此地生长迅速，形成致密的单优势种群，而且其叶片比较尖锐，鸟类无法停歇，鸟类生物多样性大幅度下降，同时其致密的植株会阻截

细小的泥沙，形成泥滩，堵塞潮沟，抑制底栖动物的生长，而潮沟是鱼类以及沙蚕、泥螺、勾虾、蚓虫等底栖动物丰富的地方，也是鸟类觅食和休憩的场所。后来，互花米草又迅速向光滩蔓延，使光滩面积不断缩小。鸻鹬类可能因此失去在东滩的旅行中继站，无处歇脚。在这里，互花米草已经具备了自我繁殖能力，扩散速度非常快，给当地

芦苇与野鸭群

的生态系统组成和景观结构造成了明显的损害或影响。对此表示失望的还有旅游者，当他们满怀兴致地想来崇明东滩看鸟时，却失望地发现，这里原来是“连鸟毛都见不到一根”的地方。

由于鸟儿的栖息地和食物都被掠夺，鸟儿也就不再光顾这里。如不加以控制，崇明东滩国际重要湿地和国家级自然保护区将失去存在的意义。

还鸟儿一片驻足之地

互花米草繁殖速度快，竞争性强，主要依靠营养繁殖来扩大分布并最终连接成片，对当地的生态环境产生重大影响，对候鸟栖息地造成严重危害。因此，如何尽快控制住互花米草的扩张，改善其入侵地的生态系统质量，稳定鸟类的栖息地和食物来源，是摆在崇明东滩鸟类自然保护区面前一个最紧迫的问题。

但根除互花米草绝非易事，人们尝试了围堤、刈割、火烧、施化学除草剂、晒地、水淹、移栽芦苇等，但这些方

灰鹤

鸳鸯

震旦鸦雀

法如果单独使用，都不是彻底的解决方案。例如，施化学除草剂的方法适合互花米草斑块状生长区，但是喷洒药物对底栖动物生长不利，与保护区宗旨相悖；反复刈割法不但耗人工，而且残留在地下的根状茎不久又会重新长出幼苗，无法斩草除根，往往是“野火烧不尽，春风吹又生”；虽然长时间浸泡能使互花米草因缺氧而死亡，但这种方法也会导致其他生物死亡，而且只能在潮水可以到达的区域使用。

互花米草覆盖了整个滩涂，鸟儿都没地方落脚了

外来物种入侵的危害

外来物种成功入侵后，会压制或排挤本地物种，形成单一优势种群，危及本地物种的生存，导致生物多样性的丧失，破坏当地环境、自然景观及生态系统，威胁农林业生产和交通业、旅游业等，危害人体健康，给人类的经济、文化、社会等方面造成严重损失。

经过精心的准备，上海崇明东滩鸟类国家级自然保护区启动了物理法结合生物替代法的大面积互花米草治理工程。

这套行之有效的除草“组合拳”共有六个步骤，可概括为“围堤—刈割—水淹—晒地—定植—调水”，从植株到根系尽量不给互花米草喘息之机：先建起半人高的梯形堤坝，将互花米草团团围住，防止它们向堤外扩张；对堤内的互花米草通过刈割清除地上部分，阻断互花米草的营养生长，并破坏其地上通气系统；再通过提高水位淹没互花米草的繁殖体（控制水淹的时间和水深），使其地下部分窒息而死；把水放掉后，充分曝晒；围堤内的土著植物均妥善保留，再移植一定密度的芦苇、海三棱藨草等土著植物；最后，将水引入修复区域，并调节水的盐度和水位，改造成生境复杂、食物丰富、栖息地优良和景色壮观的区域，让环境条件更适合本地物种茁壮成长，不断完善鸻鹬类、雁鸭类等不同类群鸟类的适宜生境营造和受损湿地功能恢复，而不让互花米草“卷土重来”。

数年之后，这里的互花米草逐渐枯萎直至根部腐烂，再也无力返青，齐人高的芦苇则“队伍壮大”。大批水鸟也不再“为草所困”，重返“故地”停歇、越冬。芦苇荡深处，白鹭时飞时歇，震旦鸦雀哨子般的鸣叫声声入耳，野鸭觅食、散步的模样在望远镜里清晰可见，就连国家重点保护野生动物黑脸琵鹭、鸳鸯等也“慕名”而归。

“宝草”还是“恶草”

互花米草的蔓延，已严重威胁了世界各地的海岸环境，它的积极作用也日益被负面影响所取代，成了全球性的害草。美国、荷兰等许多国家都已投入大量的经费进行互花米草入侵的防治研究。我国被互花米草入侵的沿海滩涂也不仅仅是上海崇明东滩一个地方，天津、辽宁、山东、江苏、浙江、福建、广东、广西等沿海地区都已纷纷“告急”，互花米草正在以疯狂的速度占领海岸滩涂。因此，各地也都在积极探索防控互花米草的有效途径。例如，天津市就创造了一种海挡（堤）新筑法，即不用传统的陆运素土，而将本地海滩淤泥疏干后分层碾压成挡，在迎水坡上种植互花米草，缓流消浪，促淤固土，不需衬砌砖、石、混凝土护坡，取得了良好的效果。

生物控制在理论上是控制外来物种入侵的最有前景的方法，从原生地选择昆虫、寄生虫以及病原菌等天敌来控制互花米草的方法也正在试验之中。在互花米草的原产地，食草动物光蝉可严格控制互花米草向周边区域的扩散，而其他地区缺乏这种昆虫也是导致互花米草种群迅速扩散的原因。在它的原产地，还有两种在互花米草的茎秆钻孔的飞蝇幼虫，对其生长也有一定限制作用。另外，麦角菌能够感染它的花部，在种子内形成菌核，从而显著降低其种子的产生，限制它的繁衍。

生物替代也是控制外来入侵植物的方法之一，其核心是根据植物群落演替的自身规律，利用有生态和经济价值的本土植物取代外来入侵植物，恢复和重建合理的生态系统结构和功能，形成良性演替的生态群落。

在这方面，本文开头介绍的红树林无疑是抵御互花米草入侵的有效“利器”。红树林适宜生长在咸淡水交汇的河口处，对于净化水质，优化生态环境的作用很明显。目前采用的一种办法是组织人工将互花米草的地上部分割掉，或用机械剪掉互花米草露出滩涂的部分，或者通过机

互花米草

红树林幼苗

耕船，在涨潮时分，用船尾的螺旋桨绞断互花米草，并将被绞断的茎秆翻过来，晒干，然后在四周挖上渠道，形成围堰，通过水淹使它的地下根系腐烂死亡，阻止其发育生长。最后，再在上面种上秋茄等红树林植物的幼苗，将互花米草的生存空间挤占。

无论是互花米草或是大米草，最初它们都被誉为芳草、宝草，但后来都被贬为杂草、恶草、祸草、毒草。在不同时期或不同人群，对它们的褒贬何以如此大相径庭？

互花米草具有高生产力、高繁殖率、高抗性和致密发达的地下部分等生物学特性，使它能在沿海地区的抗风防浪、保滩护岸、促淤造陆、修复湿地和固定二氧化碳等方面发挥很好的作用。然而，正是这与生俱来的生物学优势，使它们在引种地区侵占海滩，很快形成茂盛的单一优势种群，体现出强大的入侵性。

因此，对互花米草的利与弊应当公正地看待，对于互花米草的处理要因地制宜。在不同地区，要根据其特点相应地采取不同的处理，应综合考虑各地的自然、社会、经济状况，如在一些生态脆弱（开发过度、缺乏大型植被、蚀退现象严重）的沿海地区，防灾减灾任务艰巨，根除互花米草须谨慎，对于岸坡不稳定、正在遭受侵蚀以及经常受到台风侵袭的区域，应当保留该植物，或者说有其他植物能更好地发挥保护海岸的作用时，才可以去除互花米草；而在一些重点生态区域，如长江口这样以保护生物多样性、保护鸟类为主的地区，则应该坚决根除。此外，综合治理与利用相结合是较为科学的举措，这样既能充分利用互花米草的资源，又能有效地控制其种子的扩散和繁衍，这也是一种具有生态经济效益的利国利民之举。

（倪永明）

深度阅读

王卿，安树青，马志军等. 2006. 入侵植物互花米草——生物学、生态学及管理. 植物分类学报，44 (5): 559-588.

李富荣，陈俊勤，陈沐荣等. 2007. 互花米草防治研究进展. 生态环境，16(6): 1795-1800.

沈永明，杨劲松，曾华等. 2008. 我国对外来物种互花米草的研究进展与展望. 海洋环境科学，27(4): 391-396.

万方浩，郭建英. 2009. 中国生物入侵研究. 1-302. 科学出版社.

丁丽，徐建益，陈家宽等. 2011. 崇明东滩互花米草生态控制与鸟类栖息地优化. 人民长江，42(增刊Ⅱ): 122-124，162.

谢联辉，尤民生，侯有明. 2011. 生物入侵——问题与对策. 1-432. 科学出版社.

万方浩，刘全儒，谢明. 2012. 生物入侵：中国外来入侵植物图鉴. 1-303. 科学出版社.

环境保护部自然生态保护司. 2012. 中国自然环境入侵生物. 1-174. 中国环境科学出版社.

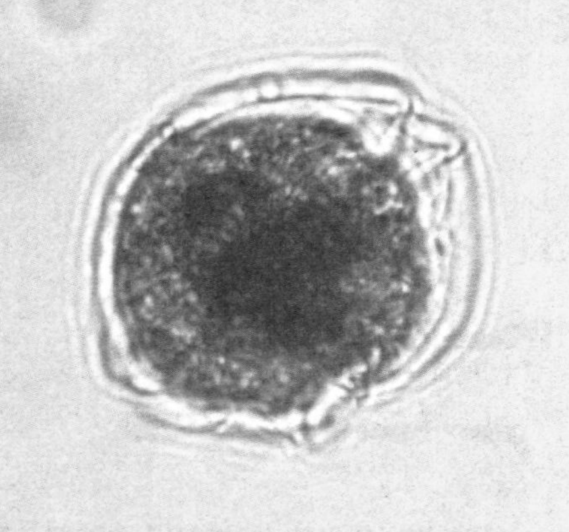

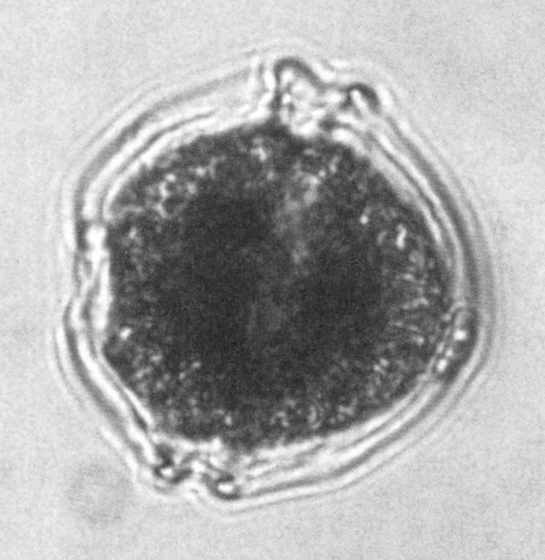

链状亚历山大藻

Alexandrium catenella (Whendon et Kofoid) Balech

为了防止船舶压载水海洋外来物种入侵，维护海洋利益，我国有必要站在战略的高度，以立法的形式应对压载水管理问题，实现压载水管理的制度化、规范化、程序化。

红色的“幽灵”

这里是一个美丽的海滨，风光旖旎。不过，这些日子因水流不畅，水体富营养化，再加上持续干旱少雨、水温偏高，平静的海面常呈现大面积斑块或带状的变色现象。入夜，船只划过水面，船桨会泛起火星，而船尾则拖着长长的光带，海浪撞击海岸也会有磷光闪闪的浪花。几天之后，鱼、虾、贝相继死亡。污秽的海水，夹带着死鱼烂虾的腥臭，常常使人咳嗽不止、鼻眼灼痛、难以忍受……

原来，这里发生了赤潮。赤潮也叫红水、红潮，俗称臭水，是由于近岸，特别是富营养化的海湾水体的变化，导致一些占优势的藻类能够在短时间内暴发性增殖或高度聚集、数量急剧增加而引起的一种生态异常现象。

赤潮是海洋环境污染的现象之一，也是海洋环境质量的一个重要标志。许多赤潮能使海水变成红色，因此有“红色的幽灵”的称谓。但事实上，赤潮是一个历史沿用名，它并不一定都是红色。赤潮发生时海水的颜色是由形成赤潮时占优势的藻类的色素所决定的。不同海区、不同季节形成赤潮的种类都是有差异的，例如夜光藻、无纹多沟藻等形成的赤潮呈红色，绿色鞭毛藻大量繁殖时水色则呈绿色，硅藻形成的赤潮则往往呈绿色、微红色或褐色。

赤潮藻

赤潮藻类大量繁殖形成很高的密度，而它们死亡以后腐烂分解并慢慢地降至海底，这就为生活在沉积物中的细菌提供了丰富食物，使其大量繁殖。这些细菌的急剧增多必然会加剧海水中氧的消耗而形成低氧或无氧区，还会释放出大量硫化氢、氨等有害物质，海水质量下降，使得局部海域海水中的物质成分发生变化，从而影响海洋环境。一些活动能力较强的动物可以迅速游移至安全区域，而大多行动缓慢和营底栖生活的鱼、虾、贝等种类就会因缺氧窒息死亡。在这一过程中，某些赤潮藻类还可以产生毒素，通过食物链在各营养级中传递，造成海洋鱼类、海鸟和海洋哺乳动物的死亡，甚至对人类健康造成威胁。因食用含有毒素的海洋食物导致的中毒和死亡事件，在世界各地均有发生。

因缺氧而死亡的鱼

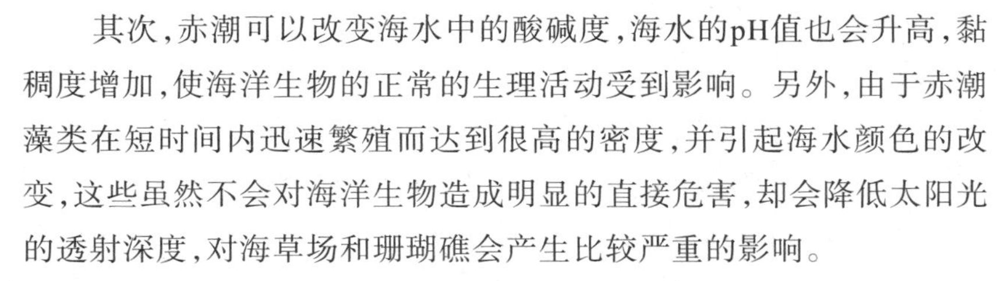

其次，赤潮可以改变海水中的酸碱度，海水的pH值也会升高，黏稠度增加，使海洋生物的正常的生理活动受到影响。另外，由于赤潮藻类在短时间内迅速繁殖而达到很高的密度，并引起海水颜色的改变，这些虽然不会对海洋生物造成明显的直接危害，却会降低太阳光的透射深度，对海草场和珊瑚礁会产生比较严重的影响。

事实上，海洋中生活着种类繁多、数量极为丰富的微型（从几微米到几毫米）单细胞藻类。它们是海洋生态系统食物链的基础生产者，通过光合作用生产有机质支撑着整个生态系统的能量转换。因此，海洋中大部分浮游藻类是滤食性海洋生物的重要食物来源，适度的藻类繁殖无论对于海水养殖还是自然生态系统都是有利的。但是，那些为数不多的赤潮藻类却对人类和生态系统形成了威胁。据统计，海洋中微藻类约有3365～4024种，其中能形成赤潮的仅有184～267种，占海洋微藻总种数的5.5%～6.7%，而其中能形成有害

海鸟

海洋哺乳动物——海豹

赤潮的微藻类所占的比例更低。

在我国沿海发现的赤潮藻类有近130种，其中最常见的有夜光藻、锥形斯氏藻、原甲藻等。赤潮大多发生在受河川径流影响的河口、港湾以及有上升流的水域，尤以暖流区最为明显。我国的长江口、珠江口、舟山群岛、渤海湾、辽东湾等海域都是赤潮的多发区，发生时间多为春、夏季。

我国早在2000多年前就发现过赤潮现象，后来的一些古书、文献或文艺作品里也有关于赤潮的记载。如清朝蒲松龄在《聊斋志异》中就形象地描述了与赤潮有关的海水发光现象。不过，我国直到1933年才有关于赤潮的最早科学记录，当时报道的是发生在浙江镇海—石浦—台州一带的夜光藻——骨条藻赤潮。但是，在1970年以前，这样的关于赤潮的科学记录仅有3次。

自20世纪80年代以后，我国沿海赤潮发生的频率和规模都在逐年增加，高发区和影响范围逐渐扩大，危害程度日趋严重。据记载，

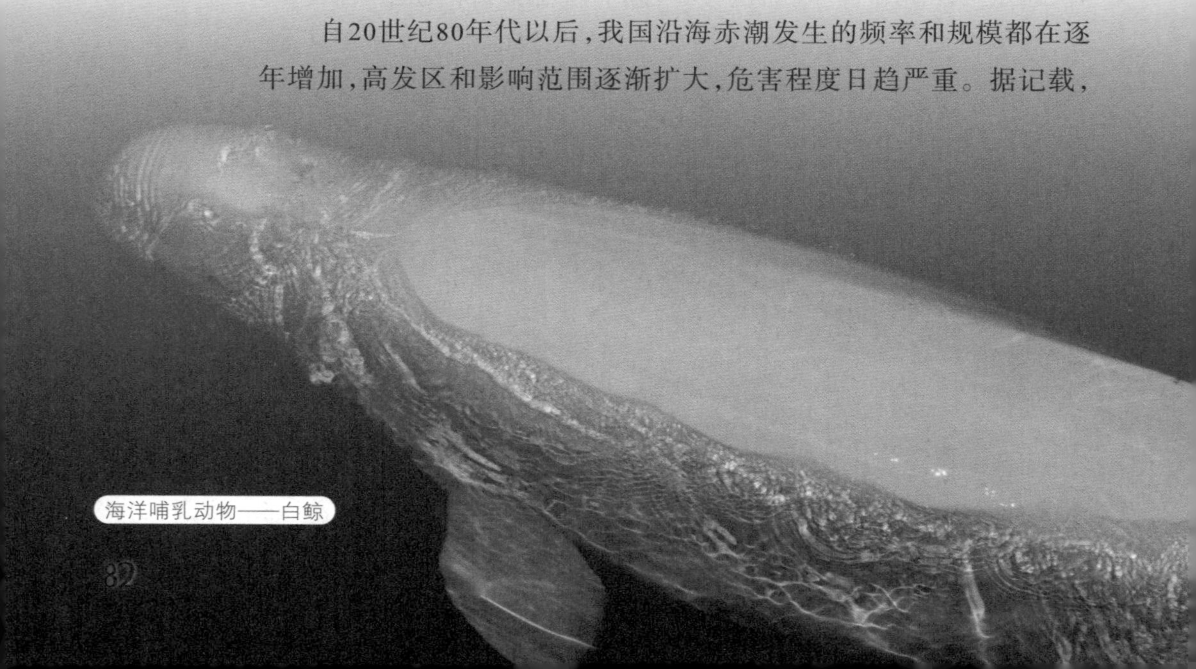

海洋哺乳动物——白鲸

1972～1979年我国沿岸近海共发生20起赤潮，而1980～1997年赤潮发生次数急增至380起，平均每年有22起之多。2000年，我国海域共记录到赤潮28起，累计发生面积为10000多平方千米；2003年我国海域共发现赤潮119次，累计面积大约为14550平方千米……可见，赤潮在我国有发生早、次数多、面积广、危害大的趋势。

赤潮频繁的发生对我国海域环境和海洋生物资源造成的危害极大，它可以在短时间内使海洋生物中毒或因缺氧而窒息死亡，甚至可以造成较大范围海域经济鱼虾类的减产和绝迹，常常造成多达数亿元人民币的经济损失。此外，它还会影响人类的身心健康，破坏海滨浴场和娱乐场的环境，给旅游业带来重大损失。

外来的毒藻

目前，赤潮已成为世界海洋重大灾害之一。在赤潮造成的各种危害中，能够产生毒素的有毒藻赤潮最为引人关注。这些毒素能够通过食物链的累积与传递对高营养级海洋生物和人类造成危害。

在我国近年来的赤潮藻类名录中，也出现了一些从前少见的有毒赤潮物种。例如，据不完全统计，2002～2007年，浙江海域共发生有毒赤潮42次，占赤潮总次数的20%，其中2005年有毒赤潮发生频率最高，达到当年赤潮总次数的45%。引发有毒赤潮的主要藻类中就包括产生麻痹性贝毒(PSP)的链状亚历山大藻、塔玛亚历山大藻等。与此同时，我国沿海一带还连续发生多起居民因食用被赤潮藻类毒素污染了的水产品而引起的中毒事件。

目前已发现的赤潮藻类毒素包括麻痹性贝毒(PSP)、腹泻性贝毒(DSP)、神经性贝毒(NSP)、失忆性贝

蒲松龄在《聊斋志异》中描述了与赤潮有关的海水发光现象

毒(ASP)和西加鱼毒(CFP)等。这几种毒素可直接或间接地通过食物链传递,使受到污染的海产品被毒化,人如果食用被毒化了的海产品就会发生中毒。

近十年来,随着人们对有毒赤潮认识的深入和分析检测设备的逐渐完善,又发现了多种新的藻类毒素,其中包括原多甲藻酸毒素和急性作用毒素等。到目前为止,人们对这些毒素的了解甚少。相信随着分析技术水平的提高,还会有更多的新毒素被发现。

随着全球海洋污染的日益加重,大量的外源物质的输入,为海洋大面积暴发赤潮提供了可能性,而且有毒或有害赤潮暴发越来越频繁。在上述几种藻类毒素中,麻痹性贝毒(PSP)是到目前为止分布最广、危害最大的一种。麻痹性贝毒(PSP)是危害水产养殖业的一个严重的世界性问题,早在18世纪就有PSP中毒引起人员伤亡的事件发生。我国也早在20世纪60年代就有因食用污染贝类而中毒的报道,后来又发生多起疑为PSP引起的中毒事件,主要发生在南方的福建、广东、香港和台湾沿海地区。在我国沿海许多海域的贝类中都检出过PSP毒素,其中不少地区的贝类样品中PSP毒素含量超出国际安全食用标准。PSP污染的水产品因其分布范围广、对人类危害严重而受到人们极大的关注,已成为全球水产养殖业和海洋食品进出口部门重点检测的对象之一。而能够造成麻痹性贝毒有毒赤潮的"罪

知识点

藻类

藻类植物是含有叶绿素,能进行光合作用,自营养生活的生物,但与其他类群的植物不同,它们并没有真正根、茎、叶的分化,更没有维管组织的出现。藻类大多生活在各种水体中,通常把生活在海洋中的藻类称为海洋藻类,把生活在各种淡水水体中的藻类叫作淡水藻类。

藻类植物的形态差异很大,有的种类是单细胞,长度不过1~2微米,必须在显微镜下才能看到;有的种类则由多细胞组成,藻体可以长到60米,具有类似高等植物根、茎、叶的结构。藻类植物通过孢子进行有性生殖。

沿海水产养殖

魁祸首”却是几种外来入侵的藻类，首当其冲的就是链状亚历山大藻 *Alexandrium catenella*（Whendon et Kofoid）Balech和它的两个“堂兄弟”——塔玛亚历山大藻*A. tamarense* (Lebour) Balech、微小亚历山大藻*A. minutum* Halim。

链状亚历山大藻是一种单细胞的海洋微藻，细胞略近圆球形，体长仅21～48微米，宽23～52微米，常由2～5个细胞组成群体。它的分布很广，在北美洲、南美洲的智利和阿根廷、欧洲、南非和亚洲海域均有分布，我国则见于青岛胶州湾以及浙江、天津等海域。

链状亚历山大藻在分类学上隶属于甲藻门多甲藻目亚历山大藻属。亚历山大藻属包含20多个种，其中约1/2是有毒种类。由于其形态学特征受环境变化及不同生理阶段的影响较大，所以亚历山大藻种类之间的区分十分困难。例如，塔玛亚历山大藻和链状亚历山大藻在光学显微镜下观察就难以区分，人们甚至只能将塔玛亚历山大藻和链状亚历山大藻统称为“塔玛复合种”。

链状亚历山大藻和塔玛亚历山大藻在其生活史的一段时期内，能形成椭圆形的休眠孢囊。休眠孢囊是其生活史的一部分，在一定环境条件诱导下，藻类细胞形成配子，然后互相结合，形成游动的合子并最终变成休眠孢囊沉降下来，沉积于海底沉积物中，以度过不良

人类吃了被毒藻污染的水产品

环境。事实上，它们的休眠孢囊毒性比藻类还大，这种孢囊也被普遍认为是赤潮形成的种源。孢囊的萌发受到内部和外部条件控制，其中内部条件是指孢囊必须经过一定的休眠期，在休眠期内，即使环境条件合适，孢囊也不能萌发；在度过休眠期后，孢囊进入静止期，当环境条件如温度、光强、光照时间、沉积物中的溶解氧等适宜时，即开始萌发并回到水体中。对有些种类的孢囊来说，其萌发还受到生物钟的控制。

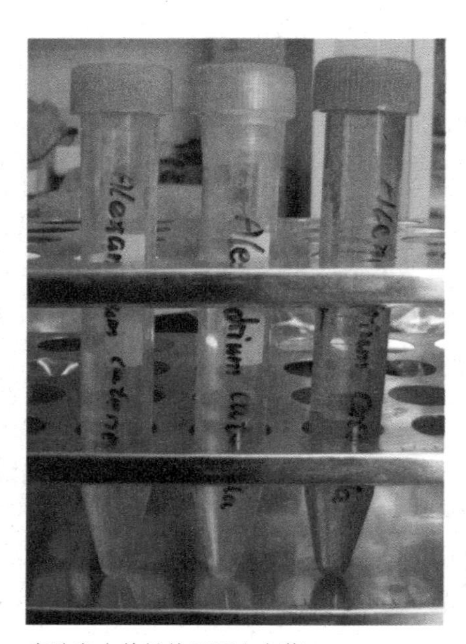

实验室中的链状亚历山大藻

亚历山大藻孢囊在世界各地分布广泛，也是我国海区的常见孢囊种类之一。人们在东海、黄海、南海的观测站的表层沉积物内，都观察到了亚历山大藻孢囊，而且在黄海中心海区的沉积物中检出了惊人的高浓度的椭圆形亚历山大藻孢囊。这些孢囊是由于附近沿岸海域发生了亚历山大藻赤潮而形成，并由海流的作用而迁移至此的。亚历山大藻孢囊还曾在我国厦门、舟山等海域形成过赤潮。

在亚历山大藻“三兄弟”中，微小亚历山大藻的毒性最高。它是台湾沿海最

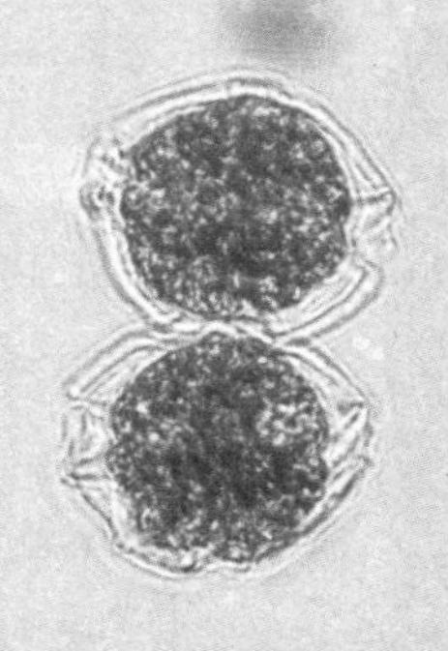

显微镜下的链状亚历山大藻

典型的麻痹性贝毒产毒藻，1986年在屏东县曾引发了因食用西施贝导致麻痹性贝毒中毒事件。我国科学家曾利用它与黑鲷鱼一起做过一个实验。黑鲷鱼卵有一层卵膜，对外界干扰有保护屏障的作用。但微小亚历山大藻可以影响受精卵的细胞膜结构和胞内结构，促使大量的溶酶体产生，并使其稳定性下降，从而导致其孵化率的降低。初孵仔鱼个体较小，对外界的刺激反应较强，受高浓度毒藻污染后，其游泳能力受到抑制，出现身体失去平衡、侧转、上下乱撞乱游的现象。在严重中毒时，鱼体发白，尾鳍末端弯曲，最后死亡。

"特洛伊木马"

要确保船只的海上航行安全，一般都必须根据当时的装载状态、海域海况和自身性能加载一定量的压载物。这些压载物放置于船上，能调节船舶吃水线的深浅，改变船舶浮力，调节船舶稳性，减少船体变形，降低船体振动，调节船舶重心，保证船舶在特定的水域中顺利、安全航行。

在航海水平落后的风帆木船时代，人们曾经使用过砖石、沙土、岩石等不需要花钱或者是非常便宜的物质作为压载物。这些固体压载物中的土壤会携带植物种子，所以容易造成外来植物的入侵。自从19世纪80年代以来，船舶航行普遍采用水（主要是海水）来取代固体压载物，由此避免了在采用固体物质压载时因装船而带来的时间消耗和在航行中由于固体压载物质移位而导致的丧失船舶稳定性的潜在危险。船舶在空载的起航港将海水注入船舶底部的压载水舱

中华绒螯蟹

内，形成压载水，到了装货港再将海水排出，这也无意中为海洋生物在世界范围内的散布提供了极大的便利。据估计，现在每年有大约100亿吨的压载水在全球转移，而每天就有大约3000余种动、植物通过压载水在世界范围内迁移。这样，轮船就变成了一个满载各种海洋生物的“水族箱”。它们在世界范围内输送货物时，各种海洋生物就如同“特洛伊木马”故事中的希腊士兵一样，被传播到了世界各地。

某些船舶需要相当多数量的压载水(主要是在空载航行时)，这类船舶包括散装运输船、矿石运输船、油轮、液化气船、油及矿石两用运输船等，而集装箱船、渡船、普通杂货船、客轮、混装渡船、渔船、渔业加工船、军用船等需要的压载水数量相对较少。由于船舶大小和用途的不同，每条船可载运的压载水量也不相同，少的只有几百升，大的则超过10万吨。像一艘20万吨的油轮在空载的情况下，需装载6万吨的压舱水。那些隐藏在压载水中的海洋动植物被船舶运至一个新的地方后，就随着压载水一起被排出。它们在新的水域中继续生存的概率取决于该水域的环境，如果该水域的含盐量、温度等与原水域很相似，这些动植物就很有可能得以立足。与船舶所排放的溢油和其他海洋污染物不同，外来的有机体和海洋生物不能为海洋所清除、吸收，这些海洋生物一旦被引入，就很难再被消灭掉。例如，中华绒螯蟹——这种中国名贵的淡水蟹从亚洲传入欧洲以后，却成为破坏堤岸和网具的凶恶的外来入侵物种；原产于欧洲的斑马贻贝被引进至北美洲五大湖后不断疯长，布满了当地水下建筑和管道，造成了极大的污染；原产于美国的一种栉水母被压载水引进到黑海后，导致了当地土著鱼类几近灭绝和当地渔业的萧条。压载水还很可能将霍乱菌从亚洲带到了拉丁美洲沿岸水域。在这些外来入侵的海洋生物中也不乏链状亚历山大藻等赤潮藻类。外来赤潮藻类的出现大大地增加了当地海域引发赤潮的生物种源，一旦遇到适宜其大量增殖的环境条件，就会发生赤潮，会对当地海域中原有生物群落和生态系统的稳定性构成极大威胁。

实验室中的链状亚历山大藻

从上面的描述中不难发现，船舶压载水与海洋外来物种的入侵密切相关。首先，为了满足船舶的航行安全，绝大多数现代船舶航行必须采用船舶压载水作为压载物，在可以预见的相当长的一个时期内，配备压载水舱的船舶仍然占绝对的主导地位；其次，船舶泵入和排出压载水的海域一般是靠近海岸的近海水域，这个地带通常生存着大量的海洋生物，所以船舶压载水中也必然会充满了各种海洋生物；最后，显而易见的是，船舶压载水将会随着船舶的航行被运送到其他海域，这相当于运输着出发地整个生态系统中的水生生物群体，跨越大洋屏障到相似的生态环境中去，致使海湾、港湾和内陆的水域都处于危险之中。

如果某个港口挂靠的船舶，其运输的货流以单向为主，而回程大都以压载水航行，其所面临的外来物种入侵的危险是不言而喻的。例如，日本是以进口原油和矿石为主，船舶大都是满载抵港，离港时加载压载水，所以外来物种入侵的危险性不大。澳大利亚的情况恰好相反，它是以矿石出口为主的国家，到这里的多是空载的敞货船，在装货前要排放大量的压载水，潜在的物种转移的危险性很大，所以澳大利亚首先遭遇并意识到这一污染的危害。

在澳大利亚一些港湾出现的有毒甲藻，如链状亚历山大藻和塔玛亚历山大藻等，就是通过船舶的压载水，从欧洲和日本携带而来的。这些有毒藻类通过压载水及其沉淀物的排放进入澳大利亚，并

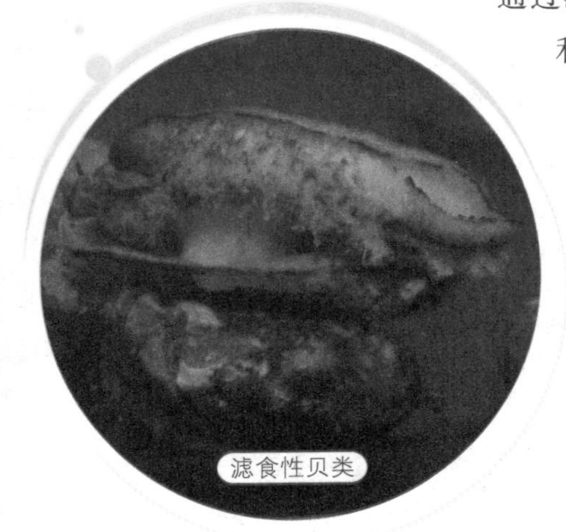
滤食性贝类

通过滤食性贝类的积累引发麻痹性贝毒事件。澳大利亚沿岸的渔业和旅游业也由于有毒藻类形成的严重赤潮而损失惨重。深刻的教训也使澳大利亚成为世界上最早实行强制性压载水管理的几个国家之一。

从船舶类型上看,集装箱船、杂货船因压载水量相对少一些,物种转移的危险性相对于散货船也小一些。由此可见,国际航运的发达程度、贸易性质、船舶类型和到港船舶的密度都是影响外来物种转移的因素。

曾几何时,船舶海运业被称为是最高效、最安全和最环保的大宗货物远程运输方式之一,为世界经济的增长和国际贸易的繁荣作出了重要贡献。然而,不可逆转的经济全球化趋势也使海运业开始面临可持续发展的新危机——这就是压载水带来的海洋外来物种入侵危机。迄今为止,全球已确认有500种左右的外来入侵物种是由船舶压载水传播的。

目前,我国已经步入世界海运大国的行列,海运需求快速增长,在国际海运市场上地位日益重要。另一方面,我国沿岸海域的有害赤潮藻类也通过压载水等途径,从全世界各地沿岸海域传播而来。这些外来赤潮藻类加剧了我国沿海赤潮现象的发生和危险性。

战斗正未有穷期

从现有条件看,一旦大面积赤潮出现后,还没有特别有效的方法加以制止,对于一些局部小范围防治赤潮的方法,虽实验过多种,但效果也不够理想。对于赤潮的防治,目前依然是一个世界性的难题。

对于赤潮,人们目前正在加以研究的处理方法主要有机械处理法、物理处理法、化学处理法和生物处理法等。

机械处理法包括过滤、改善船舶设计等,有人利用动力或机械

大型海藻

方法搅动底质，促进海底有机污染物分解，恢复底栖生物生存环境，提高海区的自净能力，也是一种比较好、又实用的方法。

物理处理法包括采用热、超声波、紫外线、银离子、磁化等进行处理。近年来，人们利用黏土矿物对赤潮生物的絮凝作用和黏土矿物中铝离子对赤潮生物细胞的破坏作用来消除赤潮，也取得了较大进展，并有可能成为一项较实用的防治赤潮的途径，因为利用黏土治理赤潮具有很多优点，例如对生物和环境无害，有促进生态系统物质循环和净化的作用等。黏土资源丰富，而且是底栖生物和鱼、贝类幼仔的饵料，操作简便易行，可以大范围使用。

化学处理法包括臭氧、抽氧、加氯处理等，特别是利用化学药物（硫酸铜）杀灭赤潮生物。但是，这些方法不仅效果欠佳，费用昂贵，而且环境效益更不好。

因此，寻求有效而又理想的赤潮防治方法是最为关键的。生物处理法是随着赤潮治理中越来越重视生态系统和生物恢复的方法而逐渐形成的新兴研究领域。它作为赤潮防治的新方法，主要是通过微生物、大型海藻、滤食性贝类、浮游动物等来净化海水或杀灭赤潮藻类，避免了物理、化学处理法的不足，具有积极的意义，所以它将成为未来赤潮防治的一个主要途径。

生物处理法治理赤潮主要有三个方面的内容。第一是针对不同的赤潮生物，大量引进浮游动物、滤食性贝类和鱼类等赤潮的“天敌”，通过它们的摄食来控制藻类的生长，达到消除赤潮的目的；第二

海带

是以微生物来控制藻类的生长。这些杀藻微生物主要包括细菌(溶藻细菌)、病毒(噬菌体)、原生动物、真菌和放线菌等五类。例如,多数溶藻细菌能够分泌细胞外物质,对宿主藻类起抑制或杀灭作用,因此通过溶藻细菌筛选高效、专一,尤其是能够生物降解的杀藻物质,是灭杀赤潮藻的一个新的研究方向。利用海洋微生物对赤潮藻的灭活作用,及其对藻类毒素的有效降解作用,可使海洋环境长期保持稳定的生态平衡,从而达到防治赤潮的目的。第三是种植大型海藻,它们是海洋环境中非常有效的生物过滤器。目前比较理想的种类主要有海带、江蓠、麒麟菜等,这些海藻又可食用以及作为饲料、工业原料和有机肥料等,是具有较高价值的商品。此外,由于红树林具有减弱水体的富营养化程度、净化污水的功能,所以保护

保护红树林有助于减少赤潮的发生

红树林也有助于减少赤潮的发生。

有人或许要问，如果能够有效地控制船舶压载水的排放，以及研究有效的压载水治理方法，从而在外来物种入侵之前就将其杀灭，岂不是更好？

这个想法不仅完全正确，而且势在必行。目前对于压载水的处理方法与对于赤潮的处理方法是大同小异，即在船舶航行过程中，采用机械处理法、物理处理法、化学处理法和生物处理法等将压载水中的外来入侵物种杀灭，使之不能在目的港生长定居。但是，国际航运压载水舱较大，很难使用上述方法在短时间内处理成千上万吨的压载水。常规的处理虽然可以杀死压载水中外来入侵物种的营养体或营养细胞，但许多海洋生物的休眠体如休眠卵和休眠孢囊等则可以抵御这些处理，当抵达目的港后，这些休眠体仍具有成功定居和入侵的活力。因此，目前的压载水处理方法尚不能很好地阻止外来物种的入侵，新的压载水处理方法和技术的研究仍然是控制海洋外来物种入侵的一个关键问题。

此外，人们阻止外来海洋外来入侵物种传播的有效途径还有一

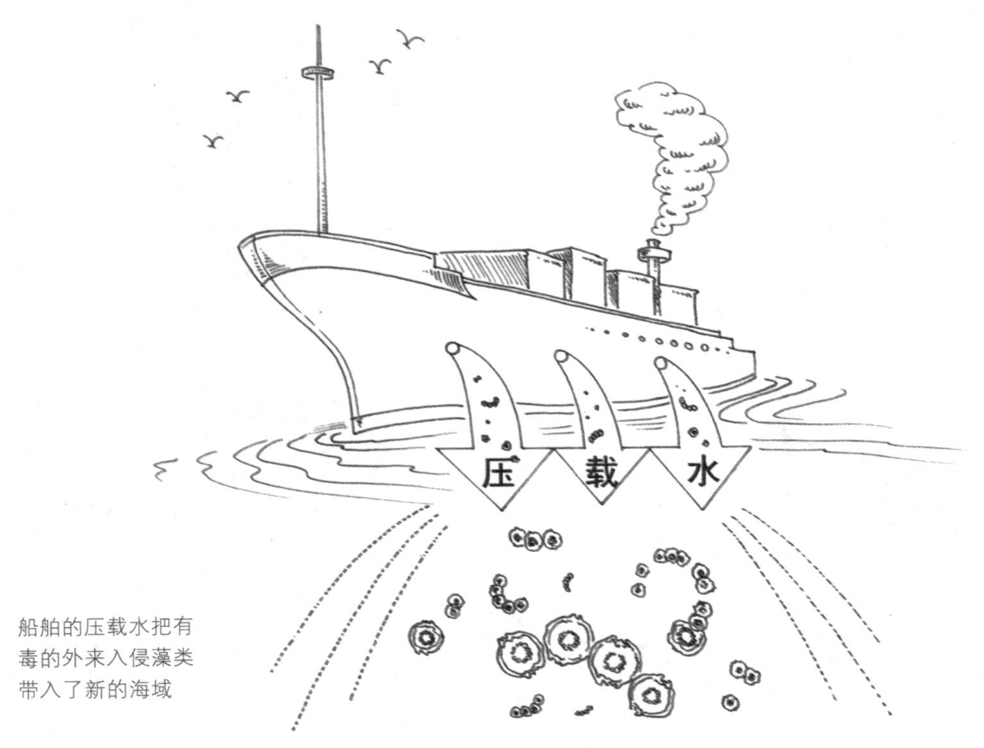

船舶的压载水把有毒的外来入侵藻类带入了新的海域

条——这就是将近岸海域的压载水在船舶航行过程中更换为远洋海水,即压载水更换。

压载水更换已经是压载水处理中一个常见的方法,同时也是国际海事组织(IMO)推荐执行的控制压载水外来物种入侵的一个重要手段。由于远洋的海洋生物一般难以在近岸的海洋环境中生存,这样就可以在一定程度上避免将其他港口的近岸海水带入目的港。目前各国政府对压载水的管理主要也是压载水更换,但目前强制要求船舶进行压载水更换的仅有澳大利亚、英国、加拿大等少数几个国家,而大部分压载水没有在远洋海域得到更换。压载水更换一般要求在离岸超过300千米或者水深大于2000米的远洋中进行,但是考虑到船舶的安全性,对于载重超过4万吨的船舶,在大洋中更换压载水还存在一定的困难。此外,压载水更换对于距离较短的国际航运来说也较为困难。因此,仅靠某些国家采取个别措施来控制外来海洋物种的入侵是很难的,迫切需要制定防止外来物种入侵的监测、管理以及防治的国际条例,建立国际化监测网和数据库。

为了防止船舶压载水海洋外来物种入侵,维护海洋利益,我国有必要站在战略的高度,以立法的形式应对压载水管理问题。防止船舶压载水海洋外来物种入侵，从表象上来看是一个海洋环境生态保护问题，但是表象背后却萦绕着航运业发展、国家间服务贸易的绿色壁垒、新兴的环保经济增长点、国际间的技术垄断和海洋科学研究等关系我国根本利益的问题。因此，我国应该以立法形式制定应对压载水管理问题的宏观战略，实现压载水管理的制度化、规范化、程序化。

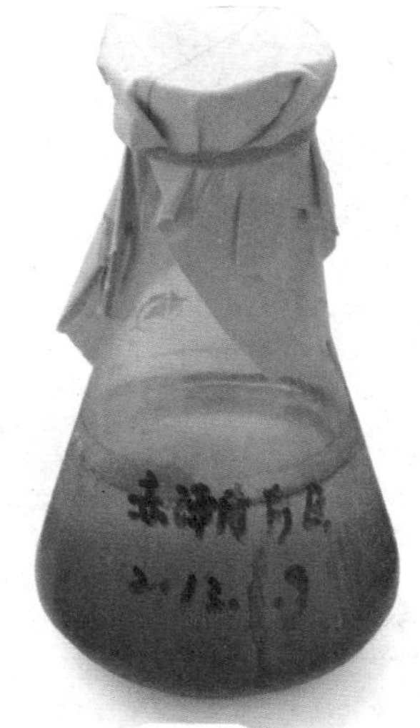
赤潮藻

在赤潮的防控方面，我国必须建立赤潮防治和监测系统，对有迹象出现赤潮的海区，进行连续的跟踪监测，及时掌握引发赤潮环境因素的消长动向，为预报赤潮的发生提供信息；对已发生赤潮的海区则采取必要的防范措施。加强海洋环境保护，切实控制沿海废水废物的入海量，特别要控制氮、磷和其他有机物的排放量，避免海区的富营养化，是防范赤潮发生的一项根本措施。此外，随着沿海养殖业的兴起，为了避免养殖废水污染海区，养殖场应该建立小型蓄水站，以淡化水体的营养，在赤潮发生时还可以调剂用水。与此同时，还要改进养殖饵料种类，用半生态系养殖方法逐步替代投饵喂养方式，以期自然增殖有益藻类和浮游生物，改善自然生态环境。

（李湘涛）

深度阅读

王朝晖，陈菊芳，杨宇峰. 2010. **船舶压舱水引起的有害赤潮藻类生态入侵及其控制管理**. 海洋环境科学，29(6): 920-922，934.

陈洋，颜天，谭志军等. 2011. **四种/株亚历山大藻(*Alexandrium*)毒性的比较研究**. 海洋与湖沼，38(1): 55-61.

徐正浩，陈再廖. 2011. **浙江入侵生物及防治**. 1-353. 浙江大学出版社.

邵盛男，缪宇平，周宏农等. 2011. **环境因子对链状亚历山大藻生长的影响**. 海洋渔业，33(1): 66-73.

一年蓬

Erigeron annuus (L.) Pers.

我们可以把一年蓬当作观赏植物来栽培，但必须把它限制在特定的小范围内，“千亩一年蓬”花海就是非常危险的做法。我们不能忘记一年蓬是外来入侵植物，它具有强大的繁殖能力和生命力。这样大面积的培育不能很好地控制它们，它们一定会扩散到更广阔的范围，给我们带来更多的麻烦！

桂林山水

随遇而安的花

提到旅游，人们首先想到的是名山大川等秀丽的自然风光。我们的祖国幅员辽阔、江山秀丽，有许多让人流连忘返、叹为观止的自然景观。如让人向往的黄山，奇松、云海引无数诗人画匠泼墨挥毫，明朝旅行家、地理学家徐霞客对它有“五岳归来不看山，黄山归来不看岳”的赞誉！醉人心魄的桂林，奇山、异水令多少游人魂牵梦萦，“桂林山水甲天下”足以彰显出它在人们心中的地位。

随着市场经济的发展，我国又出现了许多新兴的旅游项目，比如春季以观赏油菜花为主题的“油菜花海”旅游。在重庆，又有一种夏季赏花的新兴旅游项目——“千亩一年蓬”花海。重庆黔江区充分发挥高山清凉优势，在海拔1500米的国有林场开辟了1000多亩的一年蓬，吸引游客夏季纳凉赏花。游客们被这一美景所吸引，纷纷踏入花海尽情玩耍。在夏季竞相盛开的一年蓬，白色的花朵迎风摇摆、摇曳生辉，游人身临其境，观赏着这种洁白素雅的小菊花，就好像夏日里一股凉风吹过，顿觉心旷神怡。

植物用其美丽的花朵装点着这个世界，而人们根据植物的不同特点、习性和传说典故，赋予了它们各种不同的人性化象征意义，也

各种花海

油菜花海

就是用花来表达人的某种感情与愿望，这逐渐形成了一种信息交流形式——花语。赏花要懂花语，花语构成了花卉文化的核心。在与花卉的交流中，花语虽无声，但无声胜有声，其中的含义和情感表达甚于直白的言语。花语最早起源于古希腊，在那个时候，不只是花有特定的含义，叶子、果实也不例外。希腊神话里这样传诵：爱神出生时创造了玫瑰，因此玫瑰从那个时代起就成为了爱情的代名词。而形成白色花海的一年蓬也被人们赋予了一定的含义：随遇而安、知足常乐。这很符合它的生长习性。

不知你是否见过这种植物的身影，它现在可以说快要家喻户晓了。这倒不是因为它美丽的外表，而是因为它那随遇而安的个性。它比别的植物更能适应环境，又有特殊的传播种子的小窍门，因此更能占领先机。它在与本地植物的竞争中脱颖而出，频频出现在人们的面前，已经到了想不注意它都难的程度。这种植物到底有何背景，请听我娓娓道来！

一年蓬*Erigeron annuus*（L.）Pers.是菊科飞蓬属植物。飞蓬属全世界约有400种以上，主要分布于欧洲、亚洲大陆及北美洲，少数也分布于非洲和大洋洲，在我国分布的约有33种。飞蓬属种类比较多，它们中的大部分都“安分”地在原产地繁衍生息，但俗话说得好，“林子大了什么鸟都有”，在这么多的种类中难免有几个异类，其中就有

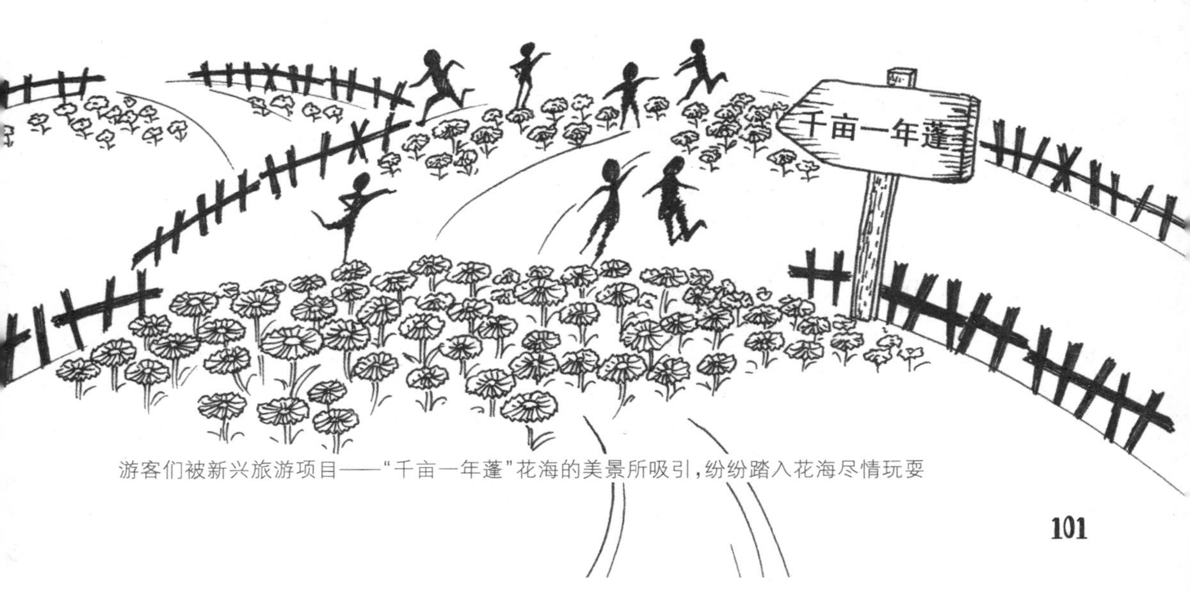

游客们被新兴旅游项目——“千亩一年蓬”花海的美景所吸引，纷纷踏入花海尽情玩耍

一年蓬

几个“不安分”的家族成员不满足于现状，时刻想着离开原产地，四处乱窜，现已成为被各国所关注的外来入侵植物。比如，原产于北美洲的种类春一年蓬*E. philadelphicus* L.、加拿大蓬*E. canadensis* L.和一年蓬，它们在100多年前就来到了世界的东方，成为这里的“座上客”。后来，它们又“反客为主”，挤走了当年“热情招待”它们的本地植物，成为了入侵地的新主人。

一年蓬是一年生或二年生的草本植物。“一年蓬”这个中文名字更能反映出它的生活习性。除了这个名称以外，它还有许多各式各样的中文俗名：女菀、野蒿、牙肿消、牙根消、千张草、墙头草、长毛草、地白菜、油麻草、白马兰、千层塔、治疟草、瞌睡草等。

我们通常看到的一年蓬都是成片生长的，很少能遇到一株孤孤单单地长在那里。因为这不是它的个性，它更喜欢“兄弟姐妹在一起热热闹闹的群居生活”。但这样一来，我们不容易分辨出它的具体“长相”，那就让我们从庞大的队伍中拿出一株来，为大家详细地介绍一下这个长得很像雏菊的清爽小白菊。

作为一种草本植物，它的茎是直立挺拔的，但实在算不上高大，最矮小的成熟植株仅有30厘米高，最高大的也不过1米左右。它的茎是纤细的，基部直径仅有6毫米，这样的身姿反而赋予了它一种坚强的气质。它在幼时不分枝，等长到一定程度后，人们会发现，它可不是仅有单一的主茎，而是在茎的上部开始分出许多小枝，这就是它的“小心机”，因为小枝多了它能开出更多的花，哈哈，这下明白了吧！小枝是青青绿绿的，给人以生机盎然的感觉，看起来很是清爽。

你可不要被它的美色所吸引而忍不住去掐它的小枝，它对付这种情况可是有自己的“小妙招”，那就是把自己武装得像个小刺猬。这不仅让我想起了中国古代四大文学名著之一的《西游记》中的一个章节：朱紫国的金圣宫娘娘被妖怪赛太岁掳走，紫阳真人送给娘娘一件五彩霞衣，这是一件非常特别的衣服，外表看起来异常美丽，但却只能远观而不能亵玩，因为上面密布许许多多的刺，一碰就会扎手，这件衣服能保证娘娘自身不受侵犯。聪明的一年蓬也长了很多硬毛，想要亲近它可要多加留神了。

一年蓬基部的叶子早期是绿油油的，但这种美好却是短暂的。这些叶子的使命是伟大的，它们鲜活的时候，可以通过光合作用产生养分提供给植物生长，等到它们的使命完成了，就先枯萎以尽量减少消耗。叶子会在花期枯萎，因为开花需要更多的能量，它们牺牲自己

一年蓬上的硬毛
与《西游记》中金圣宫
娘娘身穿的五彩霞衣的
作用有些类似

一年蓬的叶子

来降低能量消耗。为了子孙后代的延续，叶子牺牲了自己平凡的生命，通过一片枯叶，我们亦能感受到生命的厚重与伟大，叶子难道不应该接受这样的礼赞吗？而且，一年蓬的叶子形状不是统一不变的，有长圆形的，有宽卵形的，甚至有少部分是近圆形的；长短也不一样，最长的叶片能达到17厘米，最宽可达4厘米，叶片的顶端一般有尖头儿，连接叶片和枝条的叶柄很长，叶柄两侧还有窄的翅膀呢。不仅如此，叶片的边缘有粗的锯齿，规则排列，艺术感十足。

头状花序

头状花序是菊科植物的典型特征，作为菊科植物的一员，一年蓬的花序类型也为头状花序，和向日葵的花序类型一样，但个头儿可要小多了：长6～8

一年蓬的花蕾

毫米，宽10～15毫米，是一个个非常小巧的小花盘。头状花序的最外面，包有总苞，总苞为半球形，共分为3层，草质，淡绿色或褐色，背面密被腺毛和疏长节毛，它的功能无疑是在头状花序未开放之前，包在外面起保护作用。头状花序是由许多小花集合而成，这使本来不太明显的每个小花集合在一起，显得较大而醒目。尤其是花序边缘的舌状花开放后，使花序变得更大、更醒目，以利于招引更多的昆虫。

在头状花序中，各小花之间都有明确的分工。以其他两种菊科植物为例：向日葵花序边缘的舌状花是不能结实的无性花，中间的管状花既能产生花粉，又能结果实，是两性花；而金盏菊与之不同，边缘的舌状花是能结实的雌花，中间的管状花全是只能产花粉而不能结实的雄花。一年蓬与上述两种植物又有不同，花序边缘的舌状花是能结实的雌花，中间的管状花是能结实的两性花，可见一年蓬的花序生产效率更高。一年蓬外围的雌花呈2层排列，上部被疏微毛；舌片就是我们看到的花瓣，一朵小雌花只有一个花瓣组成，许多的雌花组合在一起形成了一圈花边；舌片平展，白色，线形，顶端具2小齿。花序中央的管状花黄色，管部长约0.5毫米，檐部近倒锥形。

一年蓬的瘦果呈披针形，长约1～2毫米，被柔毛。刚刚提到，它外围的雌性舌状花和中间的两性管状花都可以结实，但结出的瘦果并不完全相同，它们的冠毛形态就有很大的区别：雌花的冠毛极短，膜片状连成小冠，而两性花的冠毛2层，外层鳞片状，内层为10～15条长约2毫米的刚毛。

入侵的手段

一年蓬是一种原产于北美洲的高大草本植物，但现如今它已经成为了遍布北半球的常见入侵杂草，从原来比较小的生存范围扩大到现在非常大的生活版图，表现了强大的生命力。一年蓬最早是在1635年被引种到欧洲的。那一年它首次到达欧洲大陆，并在闻名世界的巴黎植物园扎下根，自此以巴黎植物园为起点，开始了它的入侵欧洲之旅。

从它在欧洲的首站为巴黎植物园就可以看出，它

法国巴黎是最早引种一年蓬的地方

无锡是我国最早发现一年蓬的地方之一

是被当作观赏植物引进的。它绽放的美丽优雅的白色花朵引起了欧洲人的注意，人们把它从遥远的北美洲大陆引种到巴黎植物园供人们观赏。19世纪90年代，它又被引种到了英国的植物园。在随后一个多世纪的时间内，它占据了欧洲大陆的许多地方，尤其经常出现在路旁和荒地上。

一年蓬来到我国并不是人为有意引入的，它可能是通过“搭载”进口种子而进入的，同时也不能排除作为实验材料被带入我国的可能性。它在我国生长也有100多年的历史了。据记载，一年蓬在我国最早于1886年在上海被发现，1913年在江苏无锡出现，1927年又出现在浙江杭州和兰溪两地。进入20世纪30年代，一年蓬向北入侵到了山东。50 ~ 60年代在长江流域迅速蔓延，如今它已几乎遍及我国温带和亚热带地区，是我国分布最广的外来入侵物种之一。一年蓬在入侵地往往形成单一种群，多见于废耕荒地、住宅四周和路边，同时也侵入果园、苗圃和农田造成危害。在春夏之交，一年蓬的头状花序构成的白色景观随处可见。

一年蓬具有极强的生命力。它在与本土植物的竞争中屡屡获胜，这与它自身的特性是密切相关的。强大的繁殖能力保障了它产生足够多的种子。它的繁殖方式主要是有性繁殖。有性繁殖中至关重要的一个环节就是传粉，传粉分为自花传粉和异花传粉。植物成

路边的一年蓬

熟的花粉粒传到同一朵花的柱头上，并能正常地受精结实的过程称自花传粉。若一株植物的花粉粒传送到另一株植物的花的柱头上，则称为异花传粉。一年蓬是虫媒花，它用白色的舌状花瓣来吸引昆虫为它传粉。它自花授粉和异花授粉都能结实且结实率都很高，能保证产生足够多的后代。单个头状花序产生种子约300粒，一个成熟植株一个生长季可以产生4万～10万粒种子。它的产籽能力是相当惊人的！

一年蓬的种子细小如尘埃，包裹在瘦果内。瘦果上生有冠毛，如同一把把张开的小降落伞，如果你没有见到过，可以想象蒲公英种子的样子。每年夏秋季节，种子随风"青云直上"，落到哪里，就在哪里安家。有些果实在风中飘浮后落到河流中，就会随着水流被带到

更远的地方，它的“势力范围”就会扩张得更大。一年蓬果实迅速的扩散能力和较强的有性繁殖能力有直接关系。花期长，也是其有利于繁殖和传播的一个特点。从7月初开始至8月末，这段时间都为一年蓬的花期，花期长达2个月。在花期内都有种子成熟脱落，这对于种子在这段时间中找到适宜萌发的外部条件是非常有利的。种子的萌发期短，成熟种子落地就可萌发，这些特点很符合它“外来入侵植物”的身份。除此之外，它还能通过交通运输、人为引进等途径传入新的区域。

一年蓬通常成片生长，分枝较多，占领的生存空间较大，这种空间分枝结构体现了它与本地种竞争时所具备的优势。较多的分枝使植株本身横向得以扩展，具有较强的抗干扰能力，把其他本土植物阻

挡在势力范围之外，占据更多的空间，有利于增强光合作用。为数众多的分枝上生出许多头状花序，保证了一年蓬可以产生尽可能多的种子，从而具有更强的扩散和入侵能力。

一年蓬强大的扩散和入侵性，不仅表现在产生更多的种子来扩

大自己的种群，还表现在产生一些化学物质来抑制其他植物的生长发育。这种化感作用也是它入侵的重要手段之一。一年蓬分泌的化学物质进入土壤后会抑制它周围植物种子的萌发和幼苗的生长，从而为自身的生长、发育和散播种子提供更多的空间。

林缘的一年蓬

亦敌亦友

一年蓬凭借它精明且强势的生长和繁殖特性，常在路旁、林缘、河岸、滩涂、垃圾场形成单一种群，对农林业的生产都带来了极大的危害，破坏了生物多样性。为了控制一年蓬的危害，我们该做哪些事情呢？归结起来，我们可以通过人工防治、化学防治等来遏制这种植物的扩张势头。

人工防治在控制植物扩张方面虽然花费时间和精力较多，但一直是行之有效的防治方式。我们已经知道，一年蓬在花期内就可以产生能够萌发的种子，所以人工拔除的方式要在它开花前并且入侵植株不多的情况下进行。倘若种群数量较大，在未开花前没能全部拔除，一年蓬就会进入开花结实期。在这个时期拔除它就需要一些小技巧，要先剪去其果实，用袋子包好，以避免大量种子落粒，然后再采取人工拔除的方式，这样就可以尽量避免它像天女散花一样散播它的瘦果。

一年蓬

外来入侵物种的特点

外来入侵物种主要表现在“三强”。

一是生态适应能力强，辐射范围广，有很强的抗逆性。有的能以某种方式适应干旱、低温、污染等不利条件，一旦条件适合就开始大量滋生。

二是繁殖能力强，能够产生大量的后代或种子，或世代短，特别是能通过无性繁殖或孤雌生殖等方式，在不利条件下产生大量后代。

三是传播能力强，有适合通过媒介传播的种子或繁殖体，能够迅速大量传播。有的植物种子非常小，可以随风和流水传播到很远的地方；有的种子可以通过鸟类和其他动物远距离传播；有的物种因外观美丽或具有经济价值，而常常被人类有意地传播；有的物种则与人类的生活和工作关系紧密，很容易通过人类活动被无意传播。

当一年蓬入侵面积比较大时，人工拔除的方式就会变得事倍功半，而用化学方法来抑制它更为可行。对付它常用的除草剂有恶草灵、果尔和草甘膦等，在实际应用中都取得了很好的防治效果，而且成本也不高。对付结实期的一年蓬，可以先人工去除果实再用化学方法防治。两者结合的方式效果最佳。

作为外来入侵植物，一年蓬虽然是有害杂草，但对人类来讲也有一些有用的价值，发掘它们的价值并有效地加以利用，也是对它们进行防治的积极做法。

一年蓬是一种良好的药材。它性平，味淡，具有清热解毒、助消化的作用，主治消化不良、传染性肝炎、急性肠胃炎、淋巴结炎、疟疾、血尿。一年蓬全草入药，可治毒蛇咬伤。在野外若不小心被毒蛇咬伤，能认识并采到一年蓬就能解燃眉之急。它还是一种药食同疗的植物。一年蓬的嫩茎、叶可以食用，不但绿色天然、营养丰富，而且对胃肠炎有较好的疗效。采集嫩茎叶还能防止它的生存范围扩大，真是一举两得、两全其美的好事啊！

由于化学药物在畜牧生产、人体健康、环境等方面的副作用与危害性，人们更加重视开发一年蓬作为中草药这一纯天然物质的用途。除了人类自身使用外，还可以把它添加到饲料中。一年蓬的材料获取方便，成本很低。添加一年蓬的饲料能提高牲畜、家禽等的抗病能力，保护其胃肠道有益微生物，促进畜牧业的发展。

一年蓬全草入药，可治毒蛇咬伤

一年蓬因花朵美丽，最早就是以观赏植物的身份被引入欧洲的。在我国虽然是无意引进的，但我们不能忽视它的美学价值。一年蓬上部分枝、花序数较多，排成伞房状，花期较长，易成片生长，作为花卉观赏植物给人们带来一种清新雅致的美妙感受。

我们可以把一年蓬当作观赏植物来栽培，但必须把它限制在特定的小范围内，像前面提到的“千亩一年蓬”花海就是非常危险的做法。我们不能忘记一年蓬是外来入侵植物，它具有强大的繁殖能力和生命力。这样大面积的培育不能很好地控制它们，它们一定会扩散到更广阔的范围，给我们带来更多的麻烦！

（毕海燕）

深度阅读

李振宇，解焱. 2002. **中国外来入侵种**. 1-211. 中国林业出版社.

方芳，茅玮，郭水良. 2005. **入侵杂草一年蓬的化感作用研究**. 植物研究，25(4): 449-452.

徐正浩，陈为民. 2008. **杭州地区外来入侵生物的鉴别特征及防治**. 1-189. 浙江大学出版社.

王瑞，王印政，万方浩. 2010. **外来入侵植物一年蓬在中国的时空扩散动态及其潜在分布区预测**. 生态学杂志，29(6): 1068-1074.

雷霆，崔国发，卢宝明. 2010. **北京湿地植物研究**. 1-175. 中国林业出版社.

徐海根，强胜. 2011. **中国外来入侵生物**. 1-684. 科学出版社.

万方浩，刘全儒，谢明. 2012. **生物入侵：中国外来入侵植物图鉴**. 1-303. 科学出版社.

加拿大雁

Branta canadensis L.

我国发现的加拿大雁，很可能是为了肉食、观赏等目的而人为引进的，有的已在湖泊、湿地等环境中建立种群，相信这是引入种群逃逸野化而形成的。

麦田里的“不速之客”

小麦是一种在世界各地广泛种植的一年生禾本科植物，也是最早栽培的农作物之一。小麦的颖果富含淀粉、蛋白质、脂肪以及多种矿物质和维生素，磨成面粉后可制作面包、馒头、饼干、面条等面食。

小麦起源于西亚的新月沃土地区，而我国在新疆孔雀河流域的楼兰小河墓地中发现了四千年前的炭化小麦，说明我国也是最早种植小麦的国家之一。其中我国辽阔平坦的华北平原，自古以来就是冬小麦的主要产区。

冬小麦秋季播种，第二年夏天收割。它的一生要经历发芽、出苗、分蘖、越冬、返青、拔节、孕穗、抽穗、开花、灌浆、成熟等生长发育过程。冬小麦播种后，生长到大概10厘米左右，就来到了越冬期，在此期间麦苗不会生长。开春后，麦苗开始返青，整个大地就被绿油油的麦苗覆盖了，像是铺上了一层绿地毯，在春风的吹拂下，泛起一轮轮微波。人们走在田间地头，天上阳光灿烂，万里无云，脚下的麦苗青青，一望无际。

随着气温的升高，麦苗生长速度加快，茎节间自下而上逐渐伸长，称为拔节。此时用手触摸近地麦秆时，能感觉到有明显突起的节。拔节后，分化中的麦穗随节间伸长逐渐向上生长，最后长到最上面一片叶（剑叶）的叶鞘中，叶鞘逐渐膨大呈纺锤形，称为孕穗。

当小麦秆的最后一个节间伸长，麦穗顶部由

加拿大雁给小麦的生长带来了很大的威胁

在麦田里出现了一大群“不速之客”

剑叶叶鞘中伸出，即为抽穗。小麦的抽穗期一般在4月上旬到5旬上旬。抽穗2～6天后开花。开花受精后小麦进入灌浆成熟阶段。到了5～6月份，成熟的小麦就可以收割了。

小麦是人类的重要口粮，但是在许多鸟类的眼中，它也是一种产量丰富、容易获得的食物。因此，在华北平原上，争夺口粮的“人鸟之战”每年都在上演。在鸟类的觊觎之下，农夫为了守护田地，防止鸟类糟踏粮食，也是想尽了各种办法，而立于麦田里守望的稻草人则是最为常见的“武器”，有着十分悠久的历史。

不过，自古以来，这些稻草人并没有起到很大的作用，以至于人们在生活中，已经将“稻草人”一词用于比喻那些无实际本领或力量的人，并且在世界各国的文学作品中被广泛使用。

我们在农田中也经常见到这样的场景：小鸟儿们飞倦了，就落在稻草人的头发上、手臂上、腿脚旁休息。对于个体较大的鸟类来说，稻草人就更是形同虚设了。

1998年，在河北的麦田里又出现了一大群“不速之客”，它们也觊觎田野中嫩绿的麦苗。这是一种体形庞大的鸟类，它们或是小心

小麦

翼翼地潜伏在农田外围等候时机的到来，或是旁若无人地飞入农田豪夺一番。这种鸟类的外形貌似大雁，但仔细观察，体色又与我国常见的大雁完全不同，十分独特。

它们的头部和颈部为黑色，上体为深灰褐色且有苍白色的条斑，下腹部以及尾部上下的覆羽均为白色。喙、脚也均为黑色。在它的眼后具有一个鲜明的白色宽带，沿颊侧延伸至喉部。这个白色的“腮帮子”也是它区别于其他鸟类的最重要特征。

不过，在当时我国所有的权威鸟类学著作中，均未有关于这种鸟类的任何记录。

那么，这种鸟类到底是不是大雁？它们又是来自何方呢？

加拿大的“大雁”

鸟类根据是否迁徙以及迁徙方式的不同，分为留鸟、候鸟以及迷鸟等。终年居留于同一地域的为留鸟，偶然地出现在一个地方的则为迷鸟。候鸟的迁徙通常为一年两次，一次在春季，一次在秋季。春季的迁徙，大都是从南向北，由越冬地区飞向繁殖地区。秋季的迁徙，大都是从北向南，由繁殖地区飞向越冬地区。迁徙的时间、途径等也都是常年固定不变的。

加拿大雁

雁阵

在候鸟中，人们最熟知的就是“大雁”，它们在迁徙时总是几十只、数百只，甚至上千只汇集在一起，互相紧挨着列队而飞，古人称之为“雁阵”。“雁阵”由有经验的“头雁”带领，加速飞行时，队伍排成“人”字形，一旦减速，队伍又由“人”字形换成“一”字长蛇形，这是为了进行长途迁徙而采取的有效措施。当飞在前面的“头雁”的翅膀在空中划过时，翅膀尖上就会产生一股微弱的上升气流，排在它后面的就可以依次利用这股气流，从而节省体力。但“头雁”因为没有这股微弱的上升气流

鸿雁

可以利用，很容易疲劳，所以在长途迁徙的过程中，雁群需要经常地变换队形，更换“头雁”。它们的行动很有规律，有时边飞边鸣，不停地发出“伊啊，伊啊”的叫声。当然，迁徙途中也会历尽千辛万苦，但它们春天北去，秋天南往，从不失信。我国古代有很多诗句赞美它们，例如陆游的“雨霁鸡栖早，风高雁阵斜”；韦应物的“万里人南去，三春雁北飞”以及“八月初一雁门开，鸿雁南飞带霜来”“孟春之月鸿雁北，孟秋之月鸿雁来”等。

事实上，大雁并不是一种鸟类，而是在分类学上隶属于鸟纲雁形目鸭科黑雁属和雁属的鸟类的通称。我国的大雁大多是雁属的鸟类，常见的有鸿雁、豆雁、白额雁、斑头雁和灰雁等，而新出现在河北麦田里的大雁则是一种并非原产于我国的黑雁属的鸟类，名叫加拿大雁。

加拿大雁*Branta canadensis* L.也叫黑额黑雁，为典型的北美洲鸟类，分布于加拿大、美国和墨西哥等地，但主要栖息于加拿大，在它的学名中，种名*canadensis*一词就是“来自加拿大”之意。

斑头雁

它是世界上体形最大的雁类之一，体长为89～114厘米，翼展为160～175厘米，体重为4300～5000克。不同地区的加拿大雁被划分为许多个亚种，其区别主要是头部白斑的大小和位置有区别，身上羽毛的灰暗程度也不一样。

白额雁

在加拿大，几乎有水有草的地方都能看到加拿大雁。它们神态悠闲，不慌不忙，旁若无人地在水中戏游，或在草中觅食。每年开春以后，它们从南方来到这里，产卵孵化，培育后代；到了秋末，举家南飞，日越千余千米，到温暖的美国等南方地区去度过严冬。它是加拿大标志性的鸟类，有许多独特的习性。

灰雁

加拿大雁栖息于湖泊、海湾、沼泽、河流及农田附近，善于游泳和潜水，飞翔的速度也很快。晚上一般栖息在水面上、水边浅水处或者沙滩上。每天黎明就成群结队地去觅食，中午又回到水边去休息。当气候较为恶劣，特别是有暴风雨侵袭的天气，也常到芦苇丛中躲避。它们常常发出喧哗的高声鸣叫，极为嘈杂，尤其在从水面上飞起时，喜欢连续不停地鸣叫。当它们受到威胁时，则会发出一种“嘶嘶”声来赶走敌人。

加拿大雁基本上为植食性，但有时也取食昆虫和小的鱼类。它的食物主要是水生植物的根、茎、叶、果实等，在岸上时，也常觅食陆生禾本科植物，当然也包括各种农作物。

加拿大雁

在繁殖期，加拿大雁倾向于以家庭配偶为单位生活。它们的伴侣绝大多数会相伴终生。它们的巢大多数在邻近水边的高地，地点由雌鸟根据它能否看清楚入侵者靠近的情况来确定，一般建在小岛上、池塘边和河堤上，有时也建在麝鼠和河狸的巢穴上。巢由干草等构成，里面铺垫有一些绒羽。每窝产卵4～7枚，卵呈白色或淡黄白色，孵卵由雌鸟单独承担。当雌鸟离巢觅食时，便用巢边的绒羽和草将巢掩盖起来。雄鸟在雌鸟产卵和孵卵期间均在巢的附近担任警戒任务。它可能在一定的距离之外闲逛，但它的眼睛却不时地盯着巢附近的动静，并准备随时飞回。当地常见的“偷蛋贼”有北极狐、赤狐、浣熊以及海鸥、乌鸦等，这些动物通常也会吃雏鸟。如果遇到入侵者来临，雌鸟便高声鸣叫，声音显得焦虑不安，同时装出一副威吓的姿势，有时甚至做出准备攻击入侵者的姿势而绝不弃巢逃走。雄鸟则用喙啄或

加拿大雁的一窝卵

乌鸦
海鸥
北极狐
赤狐

用翅膀击打来驱逐想靠近这里的任何动物。

加拿大雁的孵化期为25～30天。它的雏鸟属于早成鸟，孵出后就已经被有羽毛，并且天生就是极好的游泳者。这时，雄鸟也加入到抚育和保卫雏鸟的行列之中。通常雌鸟领头，雄鸟断后，一前一后将雏鸟带到水中的安全地带。亲鸟照顾雏鸟的时间大约为40～73天。

7月末到8月初，正值夏季高温时期，成鸟会脱落飞行用的羽毛，开始换羽，时间大约为20天左右，而大约正好是幼鸟开始能够飞翔的时候，这些飞行用的羽毛也就重新长好了。

候鸟变"留鸟"

从19世纪晚期到20世纪早期，由于过度捕猎和失去生存环境，加拿大雁的数量曾一度急剧减少，某些亚种甚至被认为已经濒临灭绝。后来人类对它们实施了拯救计划，只花了短短数十年时间，它们的种群就迅速恢复，并不断扩大，在很多地区已经到了"雁满为患"的地步，几乎所有的公园、绿地都有它们的身影。

虽然在大多数公园等地方，常常可以见到"禁止给野生动物喂食"的告示牌，提醒大家遵守这一规定，但不幸的是，

岸边的加拿大雁

喂食加拿大雁

仍然有很多人让它们自由自在地啄着人们手中的各种佳肴，这样就容易造成它们的长期滞留。由于食物来源充沛，加上天敌的减少，在一些气候比较温和的地方，很多加拿大雁不再进行季节性的迁徙，一年四季都能看到它们的身影。

台湾作家林清玄在《不南飞的大雁》一文中就生动地描述了这样的情景："朋友买了一些饼干、薯片、杂食，准备在草地上喂食大雁，大雁立刻站起来，围绕在我们身边。那些大雁似有灵性，呀呀叫着向我们乞食。朋友一面把饼干丢到空中，一面说：'从前到夏天快结束时，大雁就准备南飞了，它们会在南方避寒，一直到隔年的春天才飞回来，不过，这里的大雁早就不南飞了。'为什么大雁不再南飞呢？朋友告诉我说，不知道从什么时候开始，人们在这海边喂食大雁，起先，只有两三只大雁，到现在有数百只大雁了，数目还在增加中。冬天的时候，它们躲在建筑物里避寒，有人喂食，就飞出来吃，冬天也就那样过了。朋友感叹地说：'总有一天，全温哥华的大雁都不会再南飞了，候鸟变成留鸟，再过几代，大雁的子孙会失去长途飞翔的能力，然后再过几代，子孙们甚至完全不知道有南飞这一回事了。'我抓了一

加拿大雁

把薯片丢到空中，大雁咻咻地过来抢食。我心里百感交集，我们这样喂食大雁，到底是对的，还是错的？如果为了一时的娱乐，而使雁无法飞行、不再南飞，实在是令人不安的……不南飞的大雁，除了体积巨大，与广场上的鸽子又有什么不同呢？一路上我都在想着。”

在某些地区，这些“不再南飞”的加拿大雁的数量增加迅猛，严重破坏草地、高尔夫球场、公园、农地，甚至还会攻击人类。由于它们所造成的排泄物污染、噪声和攻击行为，特别是对农作物的危害，而被人们列入了“邪恶的禽鸟”的“黑名单”中。

知识点

环志

鸟类环志是获得有关鸟类迁徙资料的一种科学方法。我国古代早在2000年前吴王的宫女就曾经用红线缚在燕子的脚上作为标记，以便观察其翌年是否还回来。现代则通过环志来了解和研究鸟类的迁徙路线、散布、季节运动、归巢能力、死亡率、存活率、寿命、种群大小、种群结构、配育经久性、日活动规律，以及有关生境、行为等方面的基本数据。

鸟类环志所用的环一般都是由金属制成，大小不等，主要是固定在鸟的跗跖部。环上必须清楚地标明号数、释放的国家和单位，使人一目了然。环志者在放环以后，还必须做出详细的记录，如环号、环志鸟名、性别、年龄、体重、体长、翅长、尾长、环志时间、环志地点和经纬度、海拔高度等原始记录。

在这些地区，加拿大雁逐渐令民众所厌恶。人们不断抱怨美丽的海滨不再怡人，公园管理部门每年清理造成脏乱的加拿大雁排泄物的开支也逐渐变得越来越庞大。就连一些学校的田径场上，也经常有成群的加拿大雁出没，有时跑道上的粪便多到下不去脚的地步。

加拿大雁一向为农夫带来困扰，许多农夫甚至每年在看到大批雁群南下时会感到害怕。他们需要在数千头的雁群飞落农田觅食之前赶紧收割农作物，否则农田里的庄稼将颗粒无收。

在加拿大首都渥太华的中央研究农场，它们不断为害科学家在这座农场里种植的玉米、大豆、大麦、小麦等农作物，肆无忌惮地破坏科学家的心血，农场实在不堪其扰。科学家想尽办法想赶走这些加拿大雁，但都以失败告终。由于他们不可能一天24小时守在农场，只好花钱雇用两只边境牧羊犬，借助它们之力驱赶在农场上肆虐的上千只加拿大雁。

加拿大雁的危害并不止是“大粪轰炸”和“争夺口粮”，它们还会“攻击”飞机。飞机与飞鸟在空中相撞的事故称为“鸟撞”。鸟撞是一种突发性的飞行事故，一旦发生，往往会造成灾难，直接威胁着空勤人员及旅客的生命安全，造成重大的经济损失。有记载的世界首例鸟撞飞机事故发生在1912年。随着航空业的发展，飞机数量急速增长，鸟撞事故也随之成倍增长。

2009年1月15日，全美航空1549号班机紧急迫降纽约哈德逊河，其原因就是飞机在爬升期间遇上一群加拿大雁，飞机的引擎吸入了数只这种候鸟，导致飞机发动机承受不了庞大撞击力而停止运作，这才在水面上紧急迫降。

在美国，出于人们对加拿大雁的痛恨，已经出现了数百只加拿大雁被政府当局或民众用二氧化碳毒死，以及用棍棒甚至枪支屠杀的惨剧。当然，这样的行为在保护动物人士的眼里，是无论如何也无法接受的。

由于引擎吸入了加拿大雁，导致飞机在水面上紧急迫降

为了减轻加拿大雁造成的危害。北美洲各国的科学家已开始采用在草地上喷洒化学药物，以及在它们的卵上洒矿物油等方法，防止它们大量繁殖。喜爱狩猎的当地人也开始以它们为对象开展狩猎活动，希望用这些办法来有效地控制它们的快速增长。

世界性的“害鸟”

现在，加拿大雁的分布范围已经不限于北美洲各地。早在17世纪后期，它们就出现在英国的水鸟聚集地——圣詹姆斯公园。此后，它们广泛地扩散至欧洲和亚洲北部，野生种群在英国、荷兰、斯堪的纳维亚半岛、西伯利亚东部和日本北部等地生活。此外，它们也是新西兰的狩猎鸟类之一。同时，加拿大雁也实现了人工饲养条件下的繁殖，驯养的加拿大雁成为人类的食物来源之一。

我国发现的加拿大雁，就很可能是为了肉食、观赏等目的而人为引进的。现在，加拿大雁除了见于河北，也出现在北京、江西、湖南、台湾等地的湖泊、湿地等环境中，有的已建立种群，相信这是引入种群逃逸野化而形成的。

可见，加拿大雁现在已穿越国界，扩散到世界上的很多地方，数量已达到上百万只。它们适应力强，而且寿命长达25年之久。因此，它们在新的入侵地过得如鱼得水，每天在公园、沙滩、草坪和农田里愉快地生活着，也把它们在北美洲所具有的各种“恶习”带到了世界各地。例如，一家法国户外休闲中心因为加拿大雁粪便太多，而变成了一个病菌缠身的“下水道”，不得不关门大吉。

由于我国河北地区天然环境优越，水域条件良好，农田面积广大，与加拿大南部地区的纬度较为相近，因此，当加拿大雁被引进到此之后，它们就对当地农田里丰富的农作物展开了集中攻势。这里的农作物每年都会因为受到它们的侵扰而造成一定幅度的减产，特别是马铃薯的减产尤为明显。

在马铃薯萌芽期间，很多幼苗因被加拿大雁啄食而死去；伴随着马铃薯渐渐长出汁液丰美的嫩枝和嫩叶，它们又对这些新生的枝叶大下其口；当马铃薯开始成熟的时候，加拿大雁还使出自己的绝招——用它的喙去啄食马铃薯的块茎。这样，一年下来，几经折腾，农田里是一片凄惨的景象——田里的马铃薯已经所剩无几了。

这就是那些来自大洋彼岸的“客人”。它们要把入侵的每一片肥美的土地都作为自己享乐的家园，在各处任性嚣张、胡作非为，糟蹋良田。

可见，阻止加拿大雁的“强盗行为”已经势在必行，刻不容缓。

（张昌盛）

汪松，谢彼德. 2001. **保护中国的生物多样性（二）**. 1-233. 中国环境科学出版社.

徐海根，强胜. 2011. **中国外来入侵生物**. 1-684. 科学出版社.

野燕麦

Avena fatua L.

野燕麦"野性"十足，它们一旦混入各种农作物田地里，便会为所欲为，欺负各类农作物，阻碍它们正常生长。怎样让这些"野家伙"变得乖顺听话，看来人类要认真思索，大动脑筋了。

燕麦大家庭

提到燕麦，你可能再熟悉不过了，因与其他粮食相比，燕麦营养丰富，具有很高的医疗保健价值，是一种兼顾营养又不至于使人发胖的健康食品，所以一直备受人们喜欢。如果在燕麦前面加上一个“野”，也就是野燕麦，那你可能就不熟悉了。别看野燕麦与燕麦相比只多了一个字，仅仅是这一个字的差别，两者的命运可就有天壤之别了。

燕麦是人们经过培育而成的粮食作物，它“听从”人们的安排，规规矩矩地生长在田地里，为人们提供营养而美味的粮食，而野燕麦就不同了。记得小时候，谁家的孩子不守规矩，不听话，大人就会给这个小孩冠以“野丫头”或者“野小子”的称号。而“野燕麦”就是燕麦家族里的“野丫头，野小子”，从不守规矩。野燕麦的原产地是欧洲南部及地中海地区，它是藏在进口小麦等粮食作物的种子之中，随着人们对进口小麦的种植而遍及整个世界的。在我国，它的身影几乎遍布所有的省、区，它可以生长在贫瘠的荒地上，也可以长在肥沃的田地里，凭借着独特的本领，它把世界上的许多地区都变成了自己的家园。它还与农田里的各种农作物争抢阳光和土壤中的营养物质，导致农作物大量减产，甚至绝收。因此，野燕麦已经成为了世界级的农田恶性杂草。野燕麦是燕麦家族里最调皮的一个，它“野性十足”，兴风作浪。燕麦家族里还有一些种类已经被人类驯服，它们生长在农田里，也有一些种类生长在野地深山里，过着与世无争的生活。那么，谁乖乖听话了，谁还在肆意妄为？听我慢慢说来。

野燕麦是禾本科植物中的小小一员，隶属于燕麦属。禾本科植物是一个非常庞大的家族，共有近700个属，约10000种植物。要说起这个大家族，那可十分了不起。禾本科在被子植物中属于特殊的一类植物，在种子植物中被认为是最有经济价值的一个科，是人类粮食和牲畜饲料的主要来源，也是加工淀粉、制糖、酿酒、造纸、编织和建筑方面的重要原料，它们在推进人类社会文明发展的进程中作出了不可磨灭的贡献。

禾本科植物在形态特征上具有许多共同的地方，比如茎有节与节间，节间中空，又称为秆；叶子具叶鞘和叶舌，不具叶柄，条状或者带状，具有平行叶脉；通常能够在茎的基部生出多个分蘖枝；花序是由多个小穗组成复合圆锥花序；果实通常为颖果，种子产量较大等，这些特征也是我们识别禾本科植物的主要依据。

据1987版《中国植物志》第九卷记载，禾本科燕麦属植物全世界约有25种，分布于欧亚大陆的温寒带；我国有7种及2变种。野燕麦和本属的其他兄弟们长相都非常相似，区别主要是外稃、颖片、花序穗轴等一些结构的微小差异，这些并非普通人所能辨别，只有功力深厚的植物学家，或许还要借助显微镜才能分得清楚。野燕麦

野燕麦是个不听话的“野丫头”

燕麦

的学名是*Avena fatua* L.，中文别称又叫乌麦、燕麦草，也有人称之为铃铛麦。其实铃铛麦是一个统称，有些地区人们把野燕麦的兄弟“莜麦”也称为铃铛麦，这些植物具有共同的特点：植物开花之后，两片长而具芒的外稃包裹着花的其他部分，一串串悬挂在植株的顶枝上，尤其是结出种子，成熟后，外稃并不脱落，颜色变黄，宛如串串小铃铛成排地挂在枝条上，微风吹过，发出沙沙的响声，所以人们形象地将这些植物称之为铃铛麦。

燕麦家族里的“兄弟姐妹”很多，“品性”也有差异。从农业角度来讲，人们将它们划分为三大类别：栽培燕麦、野生燕麦和杂草型燕麦。

栽培燕麦经过人类种植，其籽实可以食用，是人类八大粮食作物之一，栽培燕麦根据籽实的特征可以分为有稃型和裸粒型两大类。在世界上，许多国家都种植燕麦，俄罗斯种植最多，占世界燕麦总产量的40%以上，此外，美国、加拿大、澳大利亚、欧洲各国和我国也有种植。我国主要栽培裸燕麦，也就是人们俗称的莜麦，记得在

莜麦

2000年前后，北京开办了一家莜面特色面食馆，各种特色面食便是用莜麦籽实磨成的面粉制作而成的，人们争相前往品尝。其实在内蒙古西部地区，它是非常普遍的食物，就像南方的米饭和北方的馒头一样，家家户户都会食用。城市里的街道上随处可见大大小小的莜面馆，走在大街上饿了，随便走进一家，要上一屉莜面窝窝，加上一碗羊肉汤，那便是地道的地方美食，两者混在一起，相伴吃下，暖暖的，温了胃，暖了心，这便是当地人的饮食文化，莜面已经融入到了人们的日常生活中。在我国，莜麦主要产区集中在内蒙古的阴山南北，河北的坝上、燕山地区，山西的太行山、吕梁山区，云南、贵州和四川的大凉山、小凉山等高山地带也有种植。其中，内蒙古种植面积最大，占全国总面积的40%左右。

莜面栲栳栳

在燕麦的籽实中，蛋白质和脂肪的含量位于谷类作物的首位，有人体必需的8种氨基酸，不仅含量很高，而且平衡。燕麦中赖氨酸含量是小麦、稻米的2倍以上，色氨酸含量是小麦、稻米的1.7倍以上。裸燕麦含有亚油酸和不饱和脂肪酸，以及多重微量元素。按照我国卫生部颁布的《保健食品功能学评价程序和检验方法》，将燕麦制作的保健食品进行检验和评价，认为其具有多项保健功能，如调节血脂、降低胆固醇、减肥、延缓衰老、调节血糖，还可以预防心脏病、控制糖尿病和改善肠胃道功能等。

正是因为燕麦籽实具有如此多的功效，栽培燕麦受到了人类的重视，人们不断培育新的品种，扩大其种植面积以满足它作为粮食的需求。而燕麦家族里的另外一类却是被人类深恶痛绝，想尽办法除掉的杂草，这就是杂草型燕麦。杂草型燕麦是麦田的有害杂草，它们原产于欧洲及地中海等地区，现已广泛分布于世界各地，它们生命力强，生长快，具有极强的竞争性，在荒地、耕地、果园和路边等不同土质的地方都可生长。特别容易混入麦类、豆类、玉米甚至葡萄、橄榄树等作物中为害，目前已在20多种粮食作物中发现其混杂为害。

杂草型燕麦有野燕麦、细茎野

燕麦、不实野燕麦和法国野燕麦等，其中野燕麦分布最广，是燕麦家族里典型的“野丫头”“野小子”，主要分布于欧洲、美洲、大洋洲、亚洲和北非等地，是英国、欧洲西北部、北美洲和亚洲的主要优势种杂草。而细茎野燕麦、不实燕麦和法国野燕麦三种杂草型燕麦在世界上许多国家都有分布，但在我国还未见到。不过，我国于2007年5月已将它们列为进境植物检疫性有害生物。

此外，还有一类燕麦，就是介于两种类群之间的一类，它们被称之为野生燕麦，一般生长在野生环境中，严格遵守着大自然的生存法则，既不被人类过分宠爱，也不被人类所憎恶。它们自由自在，不受任何约束和管制，所以这类燕麦生活得洒脱而随性，属于燕麦家族里本色生长的一类植物。似乎它们离我们人类的生活较远，不在人们的视线中，所以人们对它们的关注程度便会弱了很多。

用计高手

作为被子植物的特殊生殖器官，花是在植物不断向更高级阶段演化所出现的特殊结构。不同植物，其花的大小、颜色、气味以及花的组成部分各不相同，许多植物具有非常漂亮的花朵，这些花一般为虫媒花。颜色鲜艳的花冠和甜美的香味是为了吸引昆虫前来为它传粉，进而达到繁衍后代的目的。被子植物中还有许多植物默默无闻地生长在大自然中，它们不具有漂亮的花瓣，

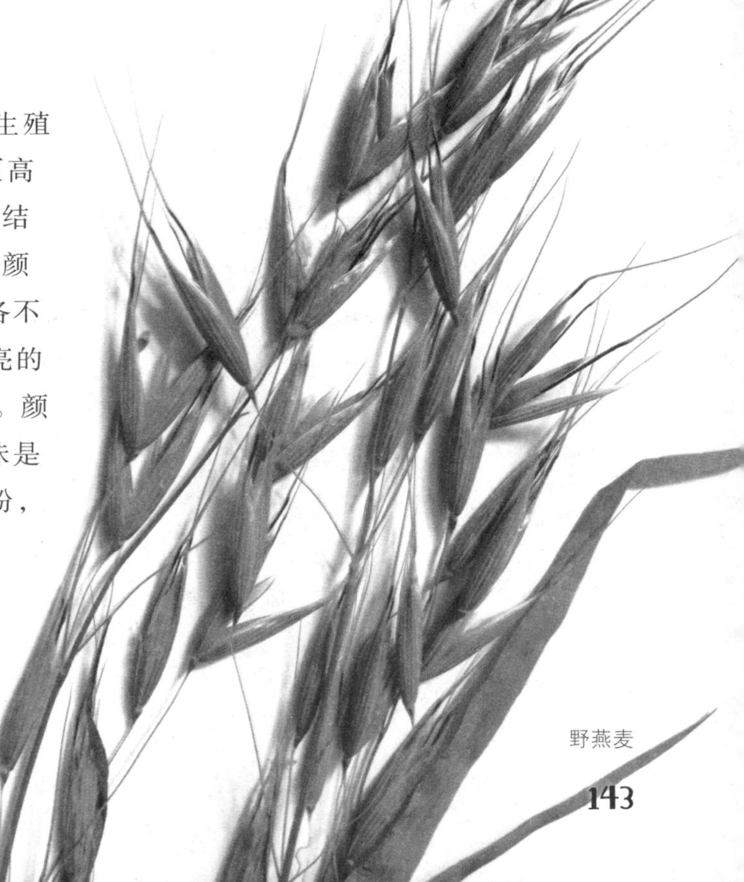

野燕麦

外来物种入侵的途径

外来物种入侵的主要途径：有意识引入、无意识引入和自然入侵。有意识引入主要是出于农林牧渔生产、美化环境、生态环境改造与恢复、观赏、作为宠物、药用等方面的需要，但这些物种最后就可能"演变"为入侵物种。无意识引入主要是随贸易、运输、旅游、军队转移、海洋垃圾等人类活动而无意中传入新环境。自然入侵主要是靠物种自身的扩散传播力或借助于自然力而传入。

也不具有沁人心脾的香味，甚至当它们盛花开放的时候，你从它的身边走过，都不会发现它满枝头的花儿朵朵，而让人俯下身来细细观赏，品味它的味道，对于这些植物来说简直就是奢望了。即便如此，它们也会怡然自得地生长在那里，随时光流转，四季更替，吐着自己的芬芳。

禾本科植物便是后一种情况，在植物演化过程中，它们的花沿着简约化方向前进，花小，构造简单，无鲜艳的色彩，不具有香气，一般一朵两性小花通常具有外稃、内稃、鳞被（又称浆片）、雄蕊和雌蕊几部分。外稃通常呈绿色，有膜质、草质、薄革质等各种质地；内稃常较短小，质地亦较薄；外稃和内稃均具有保护花内雌蕊和雄蕊的作用；鳞被为轮生的退化内轮花被片，开花时，鳞被吸水膨胀，使内、外稃撑开，露出花药和柱头，便于花粉散布和柱头接受花粉；雄蕊具纤细的花丝与二室纵裂开的花药，花药常在中部以丁字形着生于花丝顶端，成熟时能伸出花外而摆动，便于花粉散布，花粉量大，细小干燥；雌蕊1枚，其上端生有羽毛状或帚刷状的柱头，这样易于粘上花粉。禾本科植物的这些特征完全适应了风媒传粉，这些特征也就造就了其貌不扬的花朵。

野燕麦是禾本科的一员，同样具有风媒传粉的花朵，特点是花粉量大，有利于风传花粉，增大其柱头授粉的概率。如此看来，这也算是野燕麦生存繁殖的一个策略了。野燕麦完成授粉后，便会结出种子，一般一株野燕麦可结60 ~ 240粒种子，多的可达1000粒以上。而小麦一般无分蘖仅结籽11 ~ 28粒，有分蘖的最多不超100粒。从结

从结籽量看，野燕麦是小麦的4~10倍，最多可达18倍

籽量看，野燕麦是小麦的4～10倍，最多可达18倍。野燕麦的种子大小不一致，一旦混入其他作物的种子中，虽经过精选也难除净。据美国的调查，在谷物条播箱里发现，平均每千克谷物种子有15粒野燕麦。这样，如果每公顷播下约1500粒，在一季里每株野燕麦可产生250粒，因此只要一年就可严重蔓延开来。据1977年甘肃酒泉饮马农场调查，在机收小麦中平均每斤小麦内有野燕麦636粒，最高达810粒，经精选后每斤小麦种子中仍有野燕麦籽实10粒，按这样种下后，3年就会成灾。

除了上面说的多产的能力外，野燕麦也是用计高手。首先它善于利用时间差，对于时机的把握恰到好处。野燕麦的落粒性很强，其外稃基部和小穗相连处的马蹄状关节，在种子成熟时各向相反方向干缩，加上种子的重量即能自动落粒。如果在籽实成熟后，遇到风吹，其落粒速度会更快，一般在麦收时野燕麦籽实的95%～98%已落地，这样便可以先于麦粒落在地上，等待环境条件适宜，继续萌发生长。这些措施使野燕麦籽实可以随熟随落，很容易造成恶性蔓延，让

野燕麦

人们对其防不胜防。另外，野燕麦的籽实轻，上面带有茸毛和芒，可以随风飘走，也可以借助水流，顺水流传播。野燕麦的籽实还可以混杂在各种谷类作物种子中，随调种达到远距离传播的目的。

其次，野燕麦注重“可持续发展”战略。野燕麦籽实具有休眠习性，一般情况下当年结下的种子，第二年发芽率只有30%～50%左右，大部分保存在土壤中在以后若干年内陆续发芽。野燕麦还可以借助于长而弯曲的芒，在不同温度和湿度下正反扭转种子“运动”，绝大部分钻入土壤缝隙中以保存自己。种子可在土壤中存活5年左右，被牲畜吃了随粪便施入田间仍能萌发，有的种子经过火烧后依然能够发芽。

野燕麦是一种非常“聪明”的植物，非常注意韬光养晦。为了和小麦争抢营养资源，同时避免被人类连根拔起，彻底消灭，有其自己的高招。春季野燕麦种子发芽最适宜的温度要比小麦的发芽温度高一点，这样它便可以在小麦出苗后的几天内钻出土壤，有了小麦苗覆盖地面作为掩护，它便可以顺利地在麦田里长出小苗，还可以避免被人类拔除。野燕麦从出苗到拔节期间比小麦生长慢，同样是利用小麦作为掩护。但是，孕穗后它开始迅速生长，平均每天生长4.2厘米，而小麦仅生长0.2厘米，一般情况野燕麦抽穗后2～3天开花，花后25天灌浆，从抽穗到成熟最短13天，最长29天左右。野燕麦抽穗后，其高度很快就超过小麦，这样它便会有效利用阳光，完成开花结实，导致小麦光照不足，开花结实少而减产。野燕麦的生育期比小麦短，成熟比小麦早，这样它便有效地利用小麦的掩护，完成了自己种子的传播。

野燕麦

野燕麦再生能力很强，在地上部分被割以后，再发出来的植株的株高、分蘖数、结籽数等，与未割的植株相比明显变多，可以说是“愈拙愈勇”。这样一旦遭到人们割除，便可迅速扩大自己的生长范围，与作物争水、争肥、争夺空间，使作物生长细弱矮小造成减产。

世界级恶性杂草

根据联合国粮农组织的报道，全世界杂草总数约有5万种，其中8000种为农田杂草，而危害粮食作物的约有250种，其中，76种危害较为严重，有18种危害极为严重，被称为恶性杂草。目前，野燕麦已经上了这“18种恶性杂草”大名单。

小麦、大麦都是被野燕麦为害的农作物

野燕麦具有分布广，危害重，繁殖快，易传播，适应性强，难以防除等特点，给农业生产带来极大的危害和损失。野燕麦的危害主要表现在与作物争肥争水、诱发病虫害的发生、影响粮食品质等方面。野燕麦能传播小麦条锈病、叶锈病，同时又是多种害虫的寄主和越冬越夏的栖息场所。野燕麦主要为害小麦，与小麦相比，它的株高一般为小麦的108%～136%，分蘖数相当于小麦的2.3～4.3倍。它的单株叶片数、叶面积、根的数量都相当于小麦的2倍，形成对小麦水分、养分和光照的强烈竞争。小麦被野燕麦为害后，株高降低，分蘖数减少，穗粒数减少，千粒重降低，导致大幅度减产。在我国野燕麦发生的地区，小麦一般减产20%～30%，重者减产40%～50%，甚至造成绝产。

野燕麦这样一种小小的草本植物，经过多种传播途径，已经繁殖蔓延到了全世界各个地区，成为许多农作物田地中的公害。它是阿根廷、加拿

油菜、蚕豆和亚麻也是被野燕麦为害的农作物

苜蓿

大和美国谷物中最严重的三种杂草之一，在澳大利亚、伊朗、墨西哥、土耳其、瑞典以及智利等南美洲一些国家的小麦田中有它的身影，在希腊的小麦和燕麦地里也有它的身影。此外，野燕麦还是加拿大、美国、英国和新西兰的甜菜、豌豆和蚕豆田里的杂草，是加拿大亚麻地里的杂草，也是一些国家玉米、棉花、马铃薯、向日葵等作物田里以及茶园、果园中的杂草。

我国的野燕麦杂草从20世纪50年代就已在局部地区发生，60年代在新疆、青海、西藏、四川、云南、黑龙江和内蒙古等一些地区传播

茶园

大豆

向日葵

危害，70年代以后，这种危害在全国扩大蔓延，西起天山南北和青藏高原，东至江淮平原，北自黑龙江边，南到云贵高原，全国有19个省区约6000多万亩的农田不同程度地被野燕麦杂草所危害，估计每年损失的产量约10亿千克。其中青海、宁夏、甘肃、新疆、西藏、黑龙江、河南、陕西等省区，危害面积均超过100万～500万亩，损失产量均超过0.5亿～2.5亿千克，严重危害了农业生产。在我国，野燕麦为害的农作物包括小麦、大麦、青稞、大豆、豌豆、蚕豆、胡麻、玉米、油菜和甜菜等。

玉米

野燕麦具有如此之强大的破坏性，所以对它的防治研究一直没有间断。根据野燕麦的发生特点，一般采取农业防治措施和化学防除措施。农业防治措施可以采用伏耕或者秋季深耕，在播冬麦前将土壤深耕24 ~ 30厘米，这样可以将野燕麦种子深埋于地下，第二年基本上没有野燕麦草害发生。同时，由于深耕后耕作层变深，有利于小麦根系下扎，还可以增强小麦的抗倒伏能力和提高小麦的产量。利用秋季多雨、易于杂草出苗的特点，进行耕翻土地灭草。在小麦收割后的第一场大雨之后，进行浅耕灭茬，耙耱保墒，可诱发野燕麦及其他杂草大量出苗，然后于9月下旬至10月上旬深翻灭除。第二年再进行春耙保墒，待野燕麦出苗后耕翻灭除，效果也很好。在春季适时进行春麦早播，带肥下种，可比野燕麦早出苗3 ~ 5天，对野燕麦有一定的抑制作用。冬麦带肥下种，以壮苗越冬，春季返青可比野燕麦早出苗7 ~ 10天，能有效抑制或减轻野燕麦的危害。

此外，合理密植，科学施肥，争取苗齐苗壮，形成麦田的群体生长优势，也可起到生态抑草、以麦压草的效果。在田地中密植作物如小麦、大麦、豌豆与玉米、油葵、向日葵等中耕作物轮作，可通过中耕来灭除当年生的野燕麦。在野燕麦发生严重的地块可种植苜蓿或作绿肥的植物，通过刈割防除野燕麦，效果很好。如果用野燕麦的籽实作饲料，须将其碾碎后再喂牲畜，使籽实失去活力。麦秸壳做畜禽肥须经堆肥沤制，高温发酵腐熟后再施入农田，以防携带种子入田。

另外，人工拔除也是一种有效的措施。要选择在其种子成熟之前拔除，拔除要及时，大小一齐拔，多次拔，不留后患。拔掉的野燕麦苗必须带出田外，晒干粉碎，或集中烧毁。同时要清除田埂沟渠的杂草，这样可以有效地减少传播扩散源。但是人工拔除费时费力，效率不高。

化学防除会对环境产生污染，也会降解土壤的肥力，还会对农作物产生影响，所以要谨慎使用。一般化学防除可以在下面两个阶段进行，第一个阶段是在播前进行土壤处理，用燕麦畏喷洒土壤，并

野燕麦

将土壤和药液混合均匀，这样可以在野燕麦萌芽通过土层时，使其芽鞘或第一片子叶吸收药剂，并在体内传导，致使其不能够出土而死亡，或者出土后根部也能吸收药剂，之后停止生长，干枯后死亡。第二个阶段是在冬小麦春季灌第一水时或春麦灌第一水时结合施肥，将燕麦乳油与尿素拌好，边施肥，边浇，可以防止小麦田浇完第一、二水后野燕麦大量出苗。此外，如果在小麦浇完二水后发现还有野燕麦在生长，可进行田间喷雾来灭除。

因为野燕麦能靠种子传播，所以各级农业行政主管部门要加强种子管理，严把种子关，杜绝其种子传播，从而有效减少野燕麦的扩散蔓延。各级农业行政主管部门要加强对小麦生产、收购、加工、调运、经营各个环节的监管，督促种子生产、经营企业对混杂有野燕麦的小麦种子不收购、不加工、不调出、不调入、不经营；种子企业要认真服从各级农业行政主管部门的监管，积极配合种子管理、植保植检部门的检验、检疫，对混有野燕麦的小麦种子坚决不调不用；农民自留种子也要进行认真的机械精选和人工彻底的挑选，购买种子一定要选用没有野燕麦的小麦种子，如发现购买的小麦种

野燕麦容易混入各种农作物的种子中传播

子内有少量的野燕麦种子，应经人工彻底地挑选后再播种，以杜绝野燕麦扩散到尚未发生的地区。

野燕麦“野性”十足，它们一旦混入各种农作物田地里，便会为所欲为，欺负各类农作物，阻碍它们正常生长。它们是不遵守大自然的生存法则的“野家伙”，怎样让这些“野家伙”变得乖顺听话，看来人类要认真思索，大动脑筋了。

（徐景先）

深度阅读

李振宇，解焱. 2002. **中国外来入侵种**. 1-211. 中国林业出版社.

徐正浩，陈为民. 2008. **杭州地区外来入侵生物的鉴别特征及防治**. 1-189. 浙江大学出版社.

徐正浩，陈再廖. 2011. **浙江入侵生物及防治**. 1-353. 浙江大学出版社.

徐海根，强胜. 2011. **中国外来入侵生物**. 1-684. 科学出版社.

万方浩，刘全儒，谢明. 2012. **生物入侵：中国外来入侵植物图鉴**. 1-303. 科学出版社.

豌豆象

Bruchus pisorum (L.)

对于我们普通大众来说，虽然我们能做的非常有限，但起码如果发现家里的豌豆中有豌豆象时，一定注意及时全部杀灭，而不是把生虫的豌豆随意丢弃在垃圾箱里，至于为啥这样做？你懂的。

晒粮

粮食自己会生虫？

小时候在农村生活过的朋友们，对下面的情景肯定不会陌生：日头正烈的正午，家里的大人会在自家院子的空地上铺上一层塑料布，然后把秋天收获的粮食均匀地摊在这层塑料布上，铺成大约2厘米厚的一层，把一些玉米、小麦等粮食曝晒在炎炎烈日之下，隔一段时间还会翻动一遍。我小时候最喜欢这个时刻了，因为每每这时，我都会趁着大人不注意，在这层散发着麦香的“地毯”上偷着打几个滚儿，或者四仰八叉地躺在上面，然后起身欣赏自己在粮食上印出的身影。

这个情景就叫“晒粮”，难道这是在炫富？不，这个“晒”可不是现代网络语言中的“share”，即显摆、分享的意思，这可是名副其实的“日晒”。这样做主要是让粮食中的水分蒸发掉，干燥后再保存，以防止霉变，但还有一个重要目的是让毒日头把粮食中的害虫晒跑或者晒死，尤其对于往年的旧粮食更是如此。小时候，经常会看到粮食周围有爬出来的小黑虫子，惊慌地向四处逃窜，寻找容身之处。这时奶奶总是摇着头说，这粮食生“虫子”了。

即使生活在城市中的我们，这样的情形也并不罕见：自家的厨房里会莫名其妙地飞出零星的小蛾子，或者在淘洗绿豆时，会发现绿豆中有些小黑虫子在爬动。不知道这时的你会不会产生这样的疑惑：我的厨房很干净啊，而且这些粮食也是保存在密闭的容器中的，这些小虫子是怎样来到我家的绿豆中的呢？如果不是外面飞进来的，难道粮食自己会生虫子不成？为了弄明白这个问题，本文以豌豆象为例进行说明。所以，我们先认识一下豌豆象吧。

“老牌”入侵物种

豌豆象是一种甲虫，中文名字又叫“豆牛”“豌豆虫”“豌豆牛”，英文名字是pea weevil，学名为*Bruchus pisorum* (L.)，隶属于鞘翅目豆象科豆象属。豌豆象近看像小型的象鼻虫，又主要为害豌豆，故名豌豆象。

豌豆象属于寡食性昆虫，也就是说它们喜欢的食物很单一，只喜欢吃豌豆、香豌豆、紫花豌豆及野豌豆等豆科植物，但主要为害豌豆。成虫取食豌豆花瓣、花粉、花蜜，幼虫蛀食豆粒，是为害豌豆的害虫中最为严重的一种，可以对豌豆造成毁灭性的危害。幼虫蛀食豆荚，取食豆粒，蛀食后在豆粒上留下一个大窟窿，使豆粒穿孔或内空，严重影响了豌豆的产量，可造成豌豆60%～90%的减产，给农业生产造成巨大的经济损失。

家储的粮食也会生虫

不仅如此，豆粒被蛀空后出粉率很低，一般重量损失达60%，只能用作饲料而不能再作食用；豆粒中的豌豆象在代谢过程中产生热和水，这会造成豆粒的霉变，味道变苦，大大降低了豆粒的品质；人如果食用了生虫的豌豆加工

豌豆种子

的食品，还会危害身体健康。被蛀食的豌豆一般胚芽都被破坏，这样的豌豆用作种子时，会影响发芽率，从而造成浪费。

豌豆象原产于欧洲地中海沿岸，当地早就流传着“豌豆象起飞的地方，就是爱人到来的地方”的奇特的传说。对于我国来说，豌豆象也是一个“老牌”外来入侵害虫了，它们最早的入侵时间目前尚不能考证到具体年份，但在1944年，就有豌豆象侵入我国湖北罗田的文献记载，此后这个外来入侵物种对豌豆造成的损失与日俱增：1957年河北省对豌豆象的分布进行调查，发现除张家口外，全省都有发生；1958年秋因大量调进救灾种子，豌豆象从湖南、湖北等地传到广西中部和南部，导致桂林地区成为豌豆象的严重发生区；1965年豌豆象传入新疆塔城和伊犁地区，检疫人员虽及时发现，但因防治不

野豌豆

得力而造成迅速蔓延；20世纪90年代以来，甘肃中部地区成为豌豆象新的重灾区。豌豆象的危害之大从当时农民中流传着的口头语中也可见一斑：“豌豆好种，种籽难留”“十颗豆粒九粒空，劳动一场白费工”。

豌豆荚和豌豆粒

豆象科昆虫历来受到世界上很多国家的关注，因为它具有检疫性有害生物所具有的共同特征，即具有潜在重大经济破坏性、通过人为传播途径而扩散、防治困难等，在我国也不例外。1952年豌豆象就被农业部列为植物检疫对象，1963年豌豆象和其他5种储粮害虫又被确定为对内对外检疫对象，直到现在，豌豆象也一直“趴在”我国外来入侵物种的名单上。

豌豆苗做的菜肴

如今，除澳大利亚外，豌豆象分布范围已遍及世界各地，而且不论在田间豌豆结荚期或仓库储藏期，都常见它们的身影。豌豆象在我国分布也很广，除了黑龙江省以外，大部分省区都能发现，尤其在江苏、安徽、山东、陕西等省份为害严重。我国种植豌豆的历史悠久，是世界第二大豌豆生产国，仅次于加拿大，在世界豌豆生产中占有举足轻重的地位。豌豆营养价值高，味道鲜美，既可以食用鲜豆荚，也可以加工成豌豆黄等食品，深受国内外消费者欢迎，所以保护豌豆不受豌豆象的侵袭势在必行。

豌豆黄

豌豆象成虫

豌豆象的“自画像”

豌豆象是完全变态的昆虫，一生经过卵、幼虫、蛹和成虫四个阶段。

成虫为椭圆形，体长约4～5.5毫米。身体表面灰黑色，混杂着灰白色和灰黄色的短毛。足基本为黑色，但有时端部为橙黄色。头密布小刻点，复眼马蹄形，凹陷又窄又深，开口朝前，触角念珠状，就着生在复眼基部正前方。前胸背板横宽，大致呈半圆形，密布刻点，杂生着褐色、淡褐色与灰白色毛，后缘中央有一个明显的白毛斑，桃形或椭圆形；前胸背板侧缘中央稍靠前的位置左右各有一个侧齿，齿尖向后弯，侧缘在齿后方部分凹入且外斜。鞘翅布满刻点，有10条平行竖纹，翅覆盖着褐色及深褐色的细毛，两鞘翅侧缘近平行；每个鞘翅基半部有2～3个小白毛斑，端半部常有一条斜行的白色毛斑，两翅合并后，斜毛斑构成了一个“八”字形。鞘翅下面的

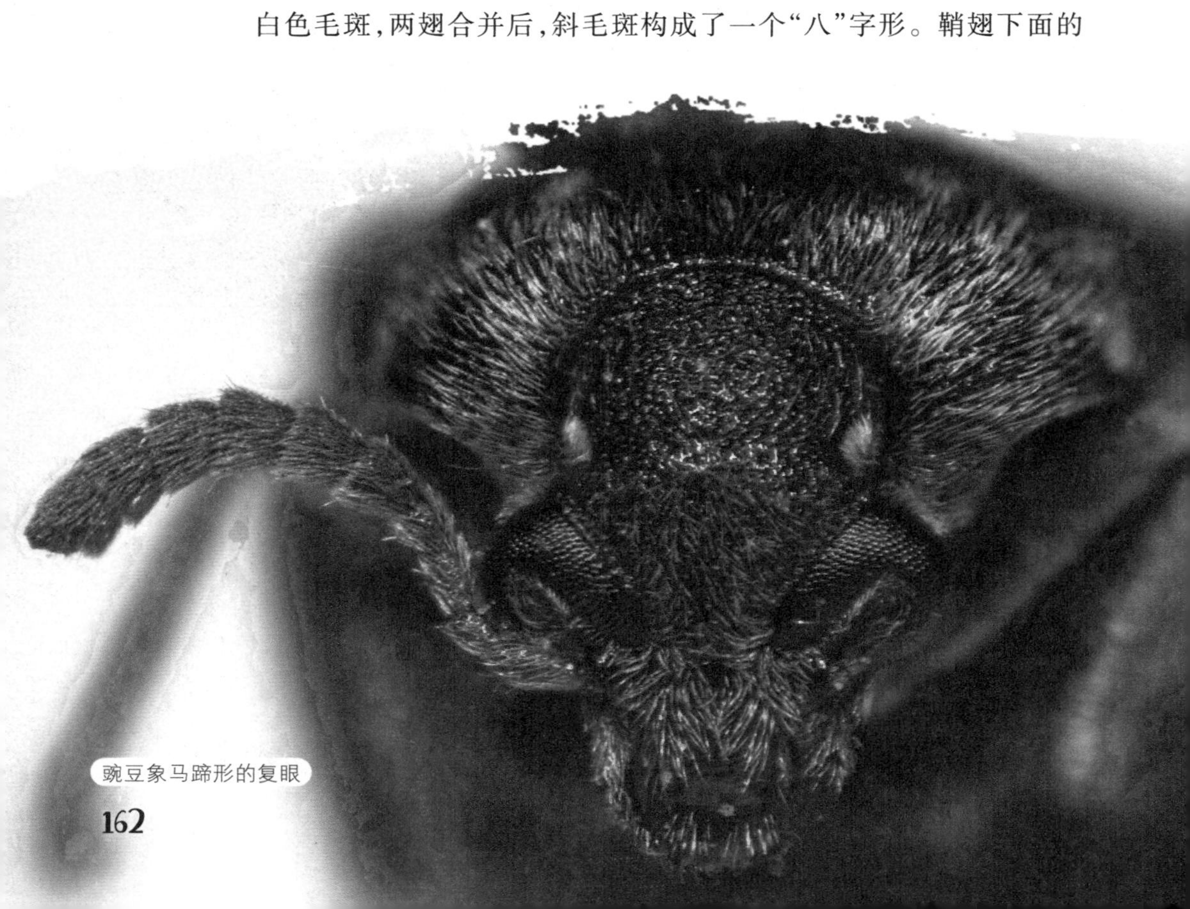

豌豆象马蹄形的复眼

腹部末端外露在鞘翅外，后缘两侧与端部中间两侧有4个黑斑，但后缘斑常被鞘翅所覆盖，所以只可见腹部末端有2个明显的黑色圆斑，腹部末端其他部分密被黄白色毛，这就在腹末形成了“T”字形黄白色毛斑。但需要注意的是，来自世界不同国家或地区的豌豆象标本，它们的触角、足及毛被的颜色变异还是比较大的。

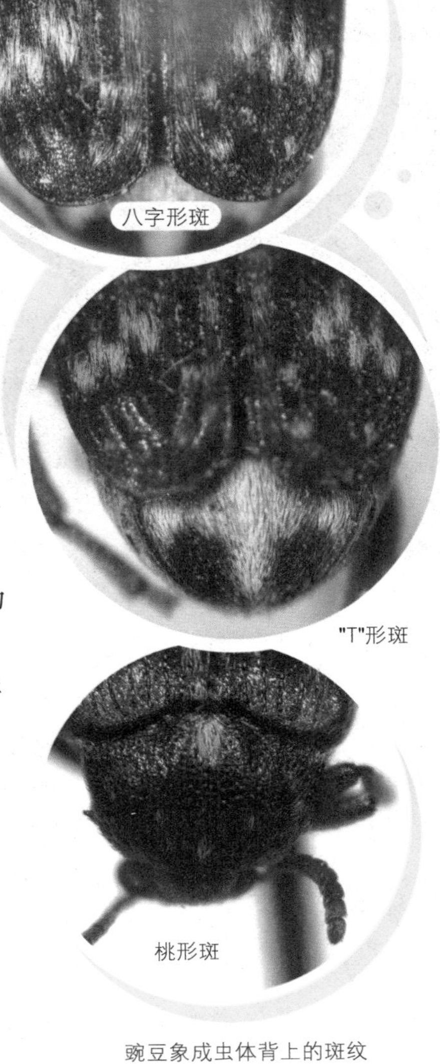

豌豆象成虫体背上的斑纹

它的卵椭圆形，一端略尖，淡橙黄色，长约0.8毫米。卵周围有放射状的胶丝，较细的一端有2根长约0.5毫米的丝状物。幼虫乳白色，共4龄。老熟幼虫体长5～6毫米，肥大，头黑色，身体短而肥胖，多皱褶，身体呈菜豆形向腹部弯曲，胸足退化成小突起，活动能力不强。

它的蛹也是椭圆形，体长约5.5～6毫米。开始为乳白色，之后头部、中胸、后胸中央部分、胸足和翅变成淡褐色，腹部近末端略呈黄褐色；前胸背板侧缘中央略前方各有一个向后伸的齿状突起；鞘翅有5个暗褐色斑，前胸背板及鞘翅光滑无皱。

豌豆象的一生

豌豆象1年只发生1代，各地的发生期由北向南逐步递早。豌豆象的生活规律可以总结如下：豌豆始花，成虫始出；豌豆盛花，成虫亦盛；豌豆成熟，成虫绝迹。

先从成虫阶段开始历数豌豆象的一生吧。它们主要以成虫的形态越冬，这又分为三种情况：在收获前没有羽化为成虫的豌豆象

豌豆苗

随着收获的豌豆进入仓库，在仓库的豆粒内羽化并越冬；豆粒中的成虫如果受到惊扰，则爬出豆粒，但并不远行，而是躲在储藏室缝隙、壁缝、松土内及包装物等处越冬；在田间的豌豆收获前已经羽化的成虫，在野外屋檐、木柱、篱笆、树皮裂缝下、屋旁杂物里及田间遗株等隐蔽场所越冬。此外，也发现少数个体以幼虫或蛹越冬的。

好像有心理感应一样，到了第二年春天，豌豆开花前，成虫便开始蠢蠢欲动了。当豌豆田里有95%以上的植株都绽放花朵时，豌豆象就从以上的各个越冬场所迁飞到田间的豌豆地了。饿了一冬天的成虫开始狼吞虎咽地取食豌豆花粉、花蜜、花瓣、嫩茎和叶子。豌豆象一般进行6～14天的狂欢盛宴，吃饱喝足后的它们就开始交配、产卵了。豌豆象每天上下午各有一次活动高峰，其余时间多隐藏在花苞及嫩叶中，阴雨天更是隐藏起来，不出来活动。

成虫喜欢在叶丛和花苞内交配，卵一般散产于豌豆荚表面两侧。产卵时雌虫分泌胶状物或黏液，把产下来的卵粘在豆荚表面，每产一粒卵大约需要1～2分钟的时间。豌豆象产卵也很挑剔，它们喜

豌豆花

欢把卵产在落花后7天的嫩荚上，偶尔也在花萼上产卵，因此，豌豆结荚期是豌豆象的产卵高峰期。这些卵大多产在豌豆植株中部的豆荚上，下部次之，上部较少。成虫卵单产，每个豆荚上平均有3粒卵，有时雌虫产下一个卵后不离开，又将腹部伸到产卵处的后方，并慢慢向前移动，把2粒卵上下重叠产在一起，极少数还有三重卵的情况。每个雌虫的产卵量从不足100粒到400多粒以上，一生可产700～1000粒卵。产卵盛期一般在5月中下旬，卵期7～9天，最长的可达18天。

卵孵化前，较粗的一头会变成黑色，再经过2～5天就孵化出幼虫了。初孵出的幼虫并不爬出卵壳，而是休息片刻后，从咬破的卵壳下直接钻入豆荚或侵入豆粒。上面提到的重叠卵粒的幼虫情况则不同，这样的卵孵化后仅下面卵的幼虫能钻入豆荚，上面卵孵化的幼虫一般还没钻入豆荚就死了。每个豆粒一般只有1头幼虫侵入，最多也只有2头，极少数有4头幼虫的情况。幼虫有自相残杀的习性，当一粒豌豆有2头幼虫时，如果它们的蛀道彼此远离，还能在1龄时共存，但到了2龄，后来侵入的一头就会死去，真是“一山不容二虎，一粒不容

二象”啊。

刚孵化的幼虫个体很小，而且嫩荚正在生长发育期间，所以被幼虫钻入的蛀孔很快就会愈合，不容易被发现。但是仔细看的话，还是可以看到豆粒种皮上的蛀孔。蛀孔针尖大小，稍微突出，淡褐色。幼虫虽然不活泼，但蛀入豆荚、豆粒的能力很强。

幼虫期共经过4个龄期，约37天。1龄幼虫主要在豆荚和豆粒的嫩皮中为害，而2龄幼虫主要是蛀入豆粒内为害，且食量渐增，豌豆收获时正值幼虫的3、4龄，这时它们食量最大，是为害的高峰期。

粮仓

老熟后的幼虫在豆粒内化蛹，幼虫从蛀入豆粒到化蛹前一般已将豆粒蛀空。化蛹前老熟幼虫将豆粒蛀成圆孔，但并不咬

豌豆田

破，而是在外围留有一层豆皮，这个孔被称为羽化孔。

化蛹盛期在7月上中旬，蛹期6～15天不等。豌豆象的蛹期差不多和豌豆的收获入库期相吻合，但这时的豌豆象自身发育也并不完全一致，可能会产生四种不同的情况：一是没有化蛹的幼虫随豆粒带入仓内继续为害，然后化蛹；二是已经化蛹的豌豆象也会在仓库内继续等待羽化为成虫；三是已经羽化为成虫又没来得及爬出豆粒的豌豆象就随着豌豆进入了仓库；四是收获前已经钻出豆粒的成虫就没机会进入仓库了，它们会藏身在田间隐蔽处越冬。前三种情况肯定都是在仓库中越冬的，或者在仓库或包装物的缝隙中，或者在豆粒中。至此我们就回到了本节开头所述的越冬状态，踏寻完了豌豆象的一生。

豌豆象的一生正如法布尔的《昆虫记》中所描述的那样：成虫是不吃豆粒的，它们细小的嘴只吮吸几口花蜜就足够了，幼虫需要的才是豆荚里那颗松软的“绿色面

豌豆象羽化孔

法布尔的《昆虫记》

包”。它们在整个越冬期间不吃不喝，只是“蓄日待发”，静等豌豆花开的那场盛宴，期待着来年春天田间里的新鲜空气和阳光，期待着摆脱“房屋”的桎梏，享受真正的自由。

强项与弱点

讲到这里，是该揭晓开篇那个“粮食自己会生虫吗？”这个问题的答案的时候了。其实聪明的读者已经猜到了：那些厨房里的小虫子不是从室外飞进来或爬进来的，也不是豆子自己生出来的，它们或许是从千里之外的田野中，甚至远渡重洋来到我们家厨房的。

豌豆象从田野到厨房的过程也许一番风顺，也许会历尽坎坷，但不外乎以下的几种情况：第一种情况是鱼目混珠型的。随着田野中豌豆的收获，豌豆象也混杂在某些豆粒中一起被调运到农贸市场和超市，最后被我们买到家中。第二种情况是夹杂携带型的。在田野中时，豌豆并没有被豌豆象为害，但在被收入仓库时，用来装粮食的容器里，或者粮食口袋的缝隙里藏有在此隐居的豌豆象成虫，在粮食的反复装卸和调运中，豌豆象就随着健康的豆粒进入了我们的厨房。第三种情况是瞒天过海型的。这种情况多数发生在海关和检疫口岸等地。豌豆在国际间互相调运时，因为豌豆象的为害比较隐蔽，加上进出口的量比较大，一些有虫的豆粒就会逃过检疫官的眼睛，随着高端大气上档次的进口豌豆溜进我们的厨房。

豌豆

厨房里的其他小虫儿来到我们家里的途径大同小异，但都是随着这些粮食被我们带进家中的，可不是粮食自己会生虫啊。

豌豆象之所以成为“老牌”的外来入侵物种，自身也有过人的“本领”。首先，豌豆象抗寒能力强而且寿命长，有点像打不死的“小强”。在−20℃的低温下，成虫到第十二个昼夜才只有一半的死亡率。它们的寿命也极长，把盛有30千克生虫豌豆的口袋扎紧，放在仓库中经过420～480天后，它们才会全部死亡。其次，成虫具有较强的抗药性，特别是豌豆花期正值成虫产卵盛期，常量用药对成虫的杀虫效果并不好，而高剂量用药又会造成豆花不孕，形成药害。再次，豌豆象成虫飞翔力强，越冬后能从仓库飞往几千千米外的田野，在田间一次飞行可达7～8米，最远能超过30多米，飞行高度在80厘米左右，这有利于豌豆象短距离的扩散和蔓延。最后，豌豆象的主要寄主——豌豆，既是食品又是种子，势必会在国内甚至国际之间频繁地调运，这就给豌豆象提供了随着豌豆粒和包装物等“免费出远门”的机会，因此，豌豆的人为调运是豌豆象远距离传播的主要途径。

有意思的是，豌豆象在产卵时非常聪明，上文提到过有些豌豆象会产下双重卵，这样做绝不是偶然，而是一种保存自

防治外来物种入侵的方法

外来物种入侵的防治需要长期坚持“预防为主，综合防治”的方针，要科学、谨慎地对待外来物种的引入，同时保护好本地生态环境，减少人为干扰。在加强检疫和疫情监测的同时，把人工防治、机械防治、农业防治（生物替代法）、化学防治、生物防治等技术措施有机结合起来，控制其扩散速度，从而把其危害控制在最低水平。

人工或机械防治是适时采用人工或机械进行砍除、挖除、捕捞或捕捉等。农业防治是利用翻地等农业方法进行防治，或利用本地物种取代外来入侵物种。化学防治是用化学药剂处理，如用除草剂等杀死外来入侵植物。生物防治是通过引进病原体、昆虫等天敌来控制外来入侵物种，因其具有专一性强、持续时间长、对作物无毒副作用等优点，因此是一种最有希望的方法，越来越引起人们的重视。

豌豆

己后代的策略。例如，豌豆象的一个天敌是豌豆象赤眼蜂，它能有效地寄生豌豆象的卵。赤眼蜂在寄生时，只寄生上面一层的卵，而不触及下面一层，因为它们是自上而下，而不是从侧面寄生的。这样如果产下双重卵的话，豌豆象至少会保存一半自己的后代，而不至于全军覆没。

不过，豌豆象也有自身的弱点：比如它们1年只发生1代，繁殖力不是特别的强。因此，我们只需要把当年的豌豆象控制住就可以了。豌豆象偏食，寄主范围窄，只为害豌豆等几种作物，这样我们就比较容易通过暂时停止种植寄主植物来缓解灾情。如果排除人为的因素，豌豆象的飞行距离不超过15千米，完全可以进行区域治理。豌豆收获后集中存放在粮仓，豌豆象处于一个可以控制的封闭空间内，在来年春天趁它们还没有羽化飞出前，可以请君入瓮，将它们一网打尽。

严防死守

对于豌豆象，检疫部门要用“火眼金睛”严格检疫，把好防治豌豆象的第一关。调运的种子，尤其是从疫区进口的豆类产品更要严格检疫，可以用以下的检验方法：1.目检法。首先检出混在豆粒间的成虫，然后选出豆粒表面有圆形孔盖和小黑点的豌豆。一般有圆形孔盖的豆内有老熟幼虫、蛹或成虫，表面有小黑点的豌豆内有尚未成熟的幼虫。2.碘或碘化钾染色法。取豌豆50克放于铜丝网中或用纱布包好，浸入1%的碘化钾或2%碘酒溶液中，经1～1.5分钟后取出，移入0.5%氢氧化钠溶液中浸30秒（如用碘酒浸1分钟），取出用清水洗涤15～20秒，进行检查。如豆粒表面有1～2毫米直径的黑色圆斑点的即被豌豆象为害过。3.比重法。取检验样品100克，倒入饱和状态的食盐溶液中，充分搅拌10～15秒，放置2分钟，将浮在上层的种子取出。如果检查出来有豌豆象的存在，一定把被害种子进行熏蒸处理，保证全部杀灭。

对于豌豆等寄主的种植者来说，防治豌豆象不仅为了丰产，更要有防止它们逃逸和继续传播的责任感，可以结合农田耕作，在豌豆的各个生长阶段用不同的方法和豌豆象进行斗争。

在播种前就要考虑选用抗虫品种和早熟品种，与豌豆象展开时空战。选用豌豆的早熟品种，可以使其开花、结荚期避开成虫产卵盛期。对于为害严重的地块，甚至可以停止种植豌豆3年，以有效控制豌豆象的发生。

在播种时用开水浸烫豌豆种子是一个简便易行的办法。将生虫的豌豆放入竹篮或竹篓等可沥水的容器中，待水煮开后，将容器浸入，边烫边搅拌种子，经25～28秒钟后，迅速取出，放入凉水中冷却，摊开晾凉，等豆粒充分干燥后，再储存。此法可完全杀死豆粒内的豌豆象，且不影响发芽力，但必须严格掌握好浸烫时间。用开水烫种，应掌握在豌豆象羽化为成虫以前。

在豌豆的花期和结荚期适合用化学防治。豌豆开花结成第1批嫩荚时，正是成虫产卵盛期及幼虫孵化盛期，这时豌豆象大量集中于

花荚上产卵，是防治的最佳时期，可以控制产卵的成虫和初孵幼虫的数量。喷药时尽量使每个豆荚均匀着药以提高防治效果，同时控制用药量和用药次数，以免使豌豆象产生抗药性。第1次喷药后间隔5～6天，喷药两次可取得较好效果。豌豆象成虫有很强的迁飞能力，在豌豆种植区的家家户户要进行联防联治，才能彻底防除。

关于生物防治的例子非常少，比如前面提到的豌豆象赤眼蜂能有效地寄生豌豆象的卵，另外还有同样寄生卵的豌豆象大赤眼蜂和豆象金小蜂，但在我国并没有广泛运用。

在豌豆的收获期要注意物理除虫。首先，要在收获前把存放豌豆的场所彻底清扫一遍，对仓库的缝隙、旮旯以及仓外的草垛、垃圾堆等卫生死角进行清理，因为这些地点都有可能成为越冬成虫的栖身场所。其次，一定要在收获后晒粮。豌豆脱粒后，立即像文章开头提到的那样，摊开连续曝晒6天，一般厚3～5厘米，每隔半小时翻动一次，杀虫效果很好。粮食温度越高，杀虫效果越好。晒粮时需在场地四周距离粮食2米处喷洒农药，防止害虫窜逃。最后，要用科学的方法保存豌豆。当豌豆量不太大时，可将曝晒后的豌豆立即收到塑料袋中并扎紧，或埋进干净麦糠堆里，密闭储藏半个月至一个月，可杀死所有豌豆象的成虫和幼虫。当豌豆量大时，在豌豆收获半个月内，可将脱粒晒干后的种子置入密闭容器内，用56%磷化铝熏蒸，密闭3天后，再晾4天。

对于我们普通大众来说，虽然我们能做的非常有限，但起码如果发现家里的豌豆中有豌豆象时，一定注意及时全部杀灭，而不是把生虫的豌豆随意丢弃在垃圾箱里，为什么这样做？你懂的。

（李竹）

李振宇，解焱. 2002. **中国外来入侵种**. 1-211. 中国林业出版社.

韩生福. 2008. **豌豆象的发生与防治**. 北方园艺，2008(6): 209.

徐正浩，陈为民. 2008. **杭州地区外来入侵生物的鉴别特征及防治**. 1-189. 浙江大学出版社.

徐海根，强胜. 2011. **中国外来入侵生物**. 1-684. 科学出版社.

张青文，刘小侠. 2013. **农业入侵害虫的可持续治理**. 1-395. 中国农业大学出版社.

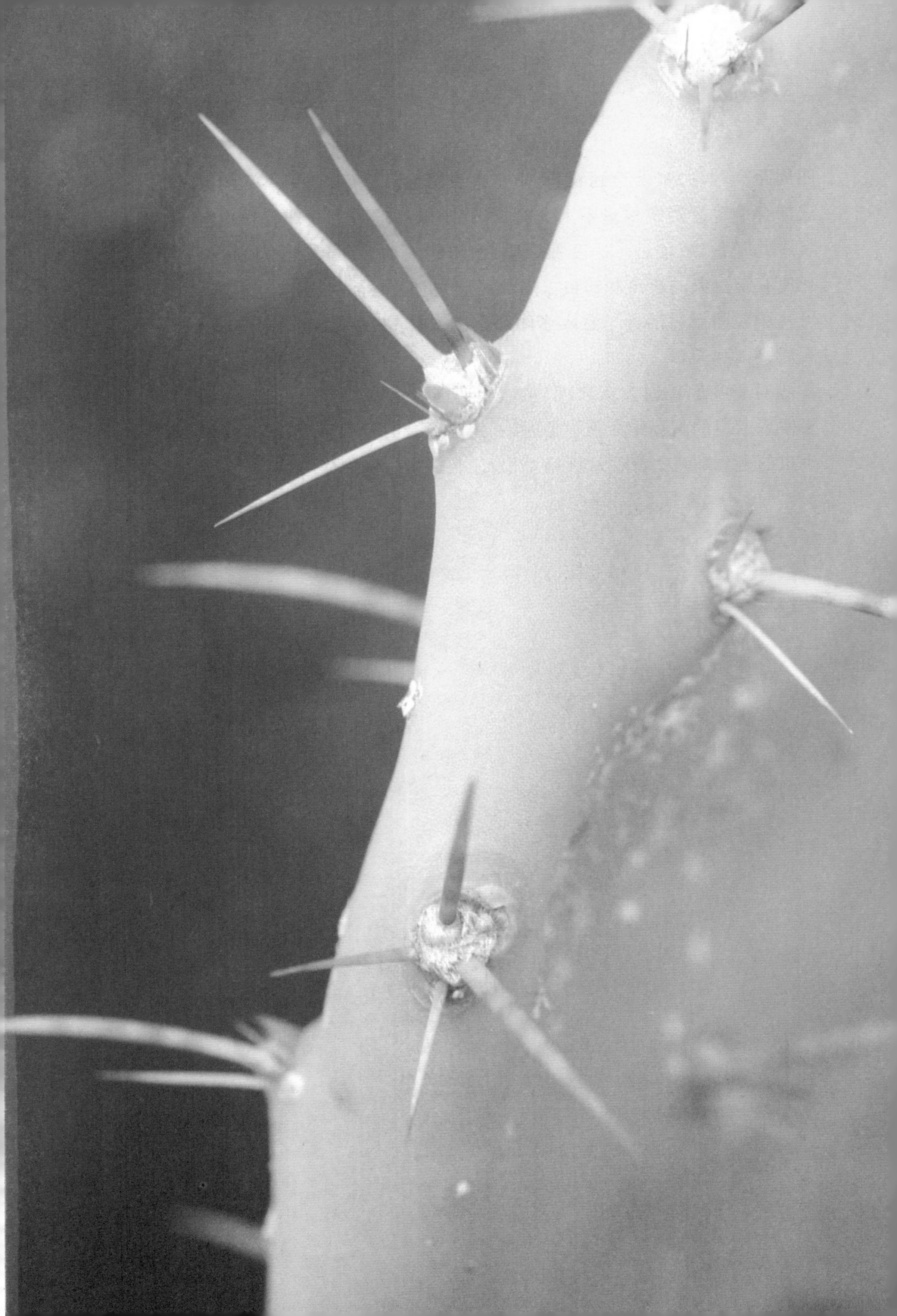

仙人掌

Opuntia stricta (Haw.) Haw.

既然仙人掌带来了麻烦，那么我们就应当想方设法控制住它们的扩张。不过，要想人工或利用机械的方法清除它们实在是很难。因此，最好的方法在于预防。希望朋友们不要随意丢弃自己家中栽种的仙人掌，否则，它们会带来什么样的后果，谁也不知道。

仙人掌

认识仙人掌

我非常喜欢法国作家安托万·德·圣埃克苏佩里创作的童话小说《小王子》，以至于在2012年的时候，我年仅6岁的闺女要买一本英文版的书送给我，令我感动不已。书中有许多情节都令人印象深刻，小王子与“我”关于玫瑰的刺的那段对话便是其中之一。

在小王子的星球上，有他心爱的、独一无二的玫瑰花。但是小王子担心“我”送给他的那只羊会吃掉他的玫瑰花，因此询问了“我”关于植物的刺的一些问题。“我”漫不经心的回答触怒了忧伤的小王子，他因此发表了一篇长篇演说。他认为，搞清楚花儿为什么几百万年以来一直在制造着刺，搞清楚花与羊儿的战争，其重要性一点也不亚于其他的事情。

是的，小王子的玫瑰花只是一株孱弱的植物，刺几乎是它防止被羊儿糊里糊涂吃掉的唯一手段。事实上，刺不仅仅是玫瑰的武器，也是世界上许多其他植物的武器，其中就包括了仙人掌。诚如小王子所言,刺对于这些植物的生存繁衍具有极其重要的作用。

刺可能是仙人掌给大家印象最深刻的一种特征,不过,在进一步了解它们的刺之前,我们必须先了解一下什么是仙人掌。

有朋友可能会说了,这还不简单?仙人掌不就是那些生长在沙漠、具有肉质茎、身上长着可怕的刺、叶子退化的那种植物吗?是的,一点儿也不假,这些的确是仙人掌的鲜明特征,但是这些还不足以用来明确其仙人掌的身份,因为除了仙人掌外,其他的一些植物,如丝兰、龙舌兰、墨西哥刺木以及一些大戟科种类等与仙人掌的亲缘关系相距甚远的植物都或多或少地具有这样的特征。

那么我们如何认识一株仙人掌呢?首先,所有的仙人掌都是双子叶植物,也就是说,在它们的种子里,有两片子叶——它们里面储存着养料,为刚萌发的种子在子叶出现之前提供营养,而丝兰、龙舌兰是单子叶植物,即其种子中只有一片子叶。当然,大戟科也是双子叶植物,因此仙人掌区别于这些植物的第二个特征就是它们具有一种被称之为小窠的独特构造。所有的仙人掌在其肉质茎的表面都分布着大量这样的构造,有的排成一列,有的排列成螺旋状。小窠呈圆形,有时也向两边拉长,大小介于0.2厘米到1厘米之间。它们的表面甚是粗糙而坚硬,呈褐色或者黑色,或者为一层白色至褐色的细毛所覆盖。这些小窠被认为是一种结构复杂的芽,仙人掌的刺就长于其上。由于从每个小窠里会长出好几枚刺来,所以仙人掌所有的刺都是在基部扎堆,向外张开,这一点也与其他有刺植物相区别,后者通常都是单刺,它们不生长在小窠之上。

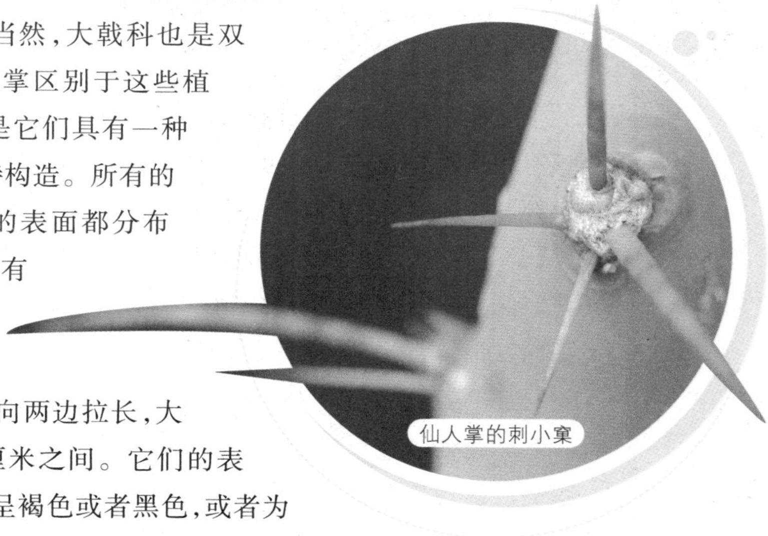

仙人掌的刺小窠

一般来说,以上几个特征,再加上肉质茎,就足以认出一株真正

的仙人掌了。如果朋友们有机会去西双版纳热带植物园参观——那里有大量长得像仙人掌的大戟科植物,我们权且将它叫作“山寨仙人掌”吧——不妨仔细地去观察一下它们与“正版”仙人掌的区别。当然,如果还有更确切的特征来界定仙人掌,我们必然要谈到它们的花,但是这需要用到更多的植物学术语,我且简单介绍一下,有兴趣的朋友请自行深究:仙人掌的花为两性花,多单生,花托常延伸成筒状,雄蕊多数,子房下位,单室,具3至多数侧膜胎座。顺便插一句,仙人掌的花很像玫瑰花,所以在以前,有人认为仙人掌是由玫瑰之类的蔷薇科植物演变而来。

生存之道

要问仙人掌为何如此独特,我们必须先了解仙人掌在其生存繁衍的过程中所遇到的问题,以及它们解决这些问题的方法。我们已经知道了,绝大多数仙人掌都是生活在沙漠或者其他干旱的环境中,

蕨类植物

因此，它们面临的最主要问题就是水。

我们知道，万物的生长离不开水。早期的植物都是生活在水中，直到蕨类植物的出现，它们才算真正走上陆地。因此，如何获得和利用水资源，是所有生物必然考虑的头号问题。对于大多数生活在水分相对充足的环境中的植物而言，它们对水的利用是十分粗放的。它们就像抽水机一样，利用庞大的根系不间断地从土壤中吸收水分，然后通过茎干里面一种被称之为导管的结构输送到植物体的各个部分，再通过叶片气孔的蒸腾作用把这些水分释放回大气之中，因此在它们体内存在一种不间断的水流。如果在根周围没有足够的水源，那么很简单，它们只需把根加长，直到找到新的水源为止。如果它们仍然找不到水，那该怎么办呢？没办法，只有死的分了。

厦门市园林植物园中的仙人掌园

各种仙人掌类植物

但是仙人掌采取了截然不同的策略，因为它们生长的环境中基本上就没有水，因此它们的策略不是找水，而是蓄水。在沙漠或者石漠中，降水非常的稀少，即使有一点降水，也会由于土质疏松，很快地渗透至深层土壤中。仙人掌具有大量的细根，这些细根虽然不像其他植物那样形成庞大的根系并一直往土壤深层钻以寻找水分，但是却可以在水渗透进深层土壤之前，迅速地将它们吸收，然后保存在它们那巨大的肉质茎中。

仙人掌的蓄水池——也就是肉质茎——呈圆柱状或球形。有人或许想知道它里面究竟是什么样子，但没机会解剖一棵仙人掌，那就不妨剖开一个无籽西瓜，也能了解个大概。只不过它里面除了这些

梨果仙人掌

松软的组织外，还有一些质地较为坚硬的组织，它们就像一座建筑物的支柱，用于支撑整个植物体。当雨季来临，根系就将这些降水吸收到这个蓄水池中；干旱的时候，又慢慢地将这些水分分配给各个部位。因此，随着雨季的来临和退却，它们的肉质茎会相应地膨胀和收缩。

为了进一步地保存水分，防止水分的蒸发，仙人掌的叶子强烈退化——那就是我们在本文开篇所谈论的刺了。仙人掌的叶片不仅退化成刺，而且在其表面还有一层厚厚的蜡质表皮，叶片已不再具有光合作用的功能了，该功能已经完全由肥厚的肉质茎所取代，因此我们看到的仙人掌是绿色的。经过这样的改造之后，水分流失的可能

月季的皮刺

性已经降到了最低，在同等质量情况下，最干旱地区生长的仙人掌的水分蒸腾量只是普通植物的六千分之一。

叶片退化成刺后，一方面减少了水分的蒸腾，另一方面也成为仙人掌的防身武器，可谓一举两得。在沙漠这种环境中，水是最珍贵的资源，虽黄金亦不能换之，因此生活在这些地区的动物对仙人掌的蓄水池肯定是虎视眈眈，垂涎三尺。幸亏有了这些刺，仙人掌才能安全地生活在沙漠中。

说到植物的刺，我再啰唆几句。我们见过许多植物都有刺，它们在形态上可能相差不大，功能也主要是用于防御，但是这些刺却有本质的不同。正如我们已经知道的，仙人掌的刺本质上是叶片，皂荚的刺则是枝条变态而来，而玫瑰和月季的刺则是一种附属结构，是皮质层或表皮层的延伸。那么如何区分它们呢？主要看它们的内部结构和着生位置，如前两种刺具有维管束，后者就没有，它们也很容易脱落。

言归正传。生物要在沙漠中生存，除了水这一限制因子外，还

仙人掌

要面临烈日的烘烤。有些仙人掌选择生长在其他植物的阴影下，但是也有一些选择直接面对困难，因为在沙漠中其他的植物毕竟不多。在后一种情况下，覆盖在小窠表面的那些白色的细柔毛就可以遮挡和反射阳光，避免了阳光对肉质茎的伤害。

仙人掌的这些策略成功地保证了它们在沙漠环境中的生存，但是还有一个考验横在它们面前，那就是繁衍。只有成功地完成传宗接代这一任务，生命才能延续，它们对环境的抗争才有意义。种过仙人掌的朋友们知道，过了一定的时期后，在其肉质茎的某些位置会陆续长出一些小球球，这些小球球很容易从肉质茎上脱落下来，移种后就会长成一棵新的仙人掌。

这是仙人掌的营养繁殖方式，这种方式在植物界中普遍存在，并且成为植物快速扩张的一种有效手段。这种繁殖方式严格说来并非传宗接代，因为由此产生的个体在基因上与母体完全相同，它们只是母体的克隆而已。没有基因的变异，没有基因多样性的储备，对于任何一个物种来说，都是进入了一个进化的死胡同。为了避免这样

胭脂掌

的结局，绝大多数植物都必须拥有有性生殖这一过程，尽早要开花结果。仙人掌也不例外。

前文已经提到，仙人掌的花有点儿像玫瑰花，由此可见其漂亮程度。大部分仙人掌开花时间很短，而且选择在气温最高的中午时分开放，然后在傍晚随着气温变低开始闭合，这有点像睡莲。为什么会是这样的呢？因为花是仙人掌最脆弱的器官，它们开放的时候，没有任何的保护措施。在环境恶劣的沙漠中，这可是很危险的。因此，它们选择在最热的时候开花，这时候，只有那些不怕热的昆虫才会出现，它们为仙人掌漂亮的花朵所吸引，前来吸食花蜜，并帮助它们完成传粉。而到了傍晚，等其他动物出来活动的时候，仙人掌的花又缩回那些刺之间去了。因此，仙人掌与帮它们传粉的昆虫之间的行动必须合拍，当然，这点无须我们操心，自然选择早就帮它们协调好了，这就是协同进化的结果。

仙人掌花开闭时间跟睡莲的花很相似

另外还有一些仙人掌选择在晚上开花，它们的花又大又香，吸引夜行性昆虫来帮它们传粉。因为是晚上，所以除了传粉昆虫外，其他夜行性动物也会出来活动，因此这些仙人掌就把花开在高高的肉质茎的高处，并有叶刺保护，这样，一般的动物就够不着它们了。同样地，这些花的开花时间也很短，通常到了次日凌晨，它们就凋零了。

开花之后就是结果——不然花白开了。我不清楚有多少朋友对仙人掌的果实有概念，但是我想很多城市里的朋友应当知道火龙果。没错，就是那种在超市和水果市场

火龙果的果实

卖的表面红红的火龙果，其实它们就是仙人掌的一种果实。剖开火龙果，我们可以见到白色的果肉，其中点缀着大量的芝麻粒样的小黑点，它们就是仙人掌的种子。对于这些火龙果来说，遇到我们人类是它们的不幸，因为我们吃了它们的水果，却没有帮它们有效地传播种子，产生有效的后代。但是，对于生活在野外的那些仙人掌来说，却必须有动物来取食它们的果实，这也是它们花费大量的资源生产如此多的果肉的原因所在。所有仙人掌的果实都是没有毒的，不仅肉多，水分也多，随品种的不同而呈现出从酸味到甜味的多种味道，因此是沙漠地区动物们的美食。动物们并不像我们人类那样白吃，它们大快朵颐后，会把仙人掌的种子带到其他地方，让它们的后代在其他地方生存繁衍。

为了保证种子的有效传播，仙人掌使了个心眼：在种子成熟之前，它们的果实会被那些刺和细柔毛保护起来，这样动物们就不会过早地将它们吃掉了。

狂热的追逐者

事实证明，仙人掌的这套机制极其成功。目前全世界已知的仙人掌有2000余种（更乐观的估计则达6000余种），隶属于80多属。但是，绝大多数的种原产于美洲，只有仙人棒属的少数种野生于马达加斯加、斯里兰卡和马斯克林群岛等地。因此，仙人掌在美洲的一些国家，尤其是墨西哥，已经深深地融入他们的民族文化当中。墨西哥是仙人掌的天堂，据记载，该国所产仙人掌达1000多种，占了全球总种数的一半以上，而且有诸多特有种。因此，在墨西哥，有大量关于仙人掌的传说，在古代的石刻和绘画中也出现过大量的仙人掌题材，而在现代的生活元素中，最鲜明的表现就是墨西哥的国旗、国徽的图案，其中就描绘了一只叼着蛇的雄鹰伫立在一棵长在湖中岩石上的仙人掌上，由此可见墨西哥人对仙人掌的感

在墨西哥国旗中也有仙人掌的图案

梨果仙人掌

单刺仙人掌

情，想必这类植物在墨西哥的历史上也发挥了重要的作用。

由于绝大多数的仙人掌原先只产于美洲，因此，在哥伦布那次著名的航海之前，世界上的植物学家（基本上全在欧洲）对于这类植物几乎一无所知。仙人掌是如此的奇特，植物学家们几乎找不到合适的拉丁文或希腊词语来形容它们。由于它们身上的刺，有人认为它们可能是一种从未见过的蓟草，因此用希腊语Kaktos来命名它，这就是其英文名称Cactus的来源。

欧洲人在美洲发现它们后，在欧洲很快就掀起了寻找仙人掌的热潮，有的甚至由王室派出植物学家去美洲探险，只为寻找这种奇特的植物。例如，在1777～1787年间，西班牙国王卡洛斯三世派遣两位植物学家前往秘鲁探险，共耗费2000万西班牙索塔，带回欧洲成千的植物标本，其中就包括了仙人掌。

欧洲人对仙人掌的兴趣与日俱增，几乎达到狂热的程度，在我们现在看来简直无法理解。到了1800年，法国、比利时和德国等国先后派遣了大量专业的植物收集人员，待在中美洲和南美洲收集更加新奇的仙人掌品种，然后送回欧洲，在那里出售，并建立温室，在其中试验栽培。

在早期，这种交易和栽培仅仅限于王室贵族等富人阶级，因为其中的费用极为昂贵。想想也是，那些收集人员在美洲发生的费用，加上把它们从美洲运输到欧洲期间发生的费用，再加上为了维持它们在欧洲的生长所发生的费用，其成本已经不低，因此其价格想不高都很难。但是随着可出售品种的名单越来越长，成本越来越低，它们开始进入普通人家，有些普通人家的窗台上有时甚至出现了好几个品种。

不过不是每个人都喜欢这种植物。比如说英国的大文豪狄更斯看来就很有点讨厌仙人掌的味道。他在《董贝父子》一书中描述皮普钦太太时，这样说道："在她起居室的窗台上，半打这样的植物像危险的蛇那样缠绕在板条之上。"作者认为，对仙人掌的喜爱是皮普钦太太的众多败笔之一。

我们无从得知狄更斯为何如此不喜欢仙人掌，但是无论如何，慢慢地，这些有意思的植物开始走向世界各地，事情也变得有意思起来。

"逃跑"的缩刺仙人掌

当地中海沿岸的一些地区开始引进仙人掌时，它们找到了与墨西哥相似的环境。这里炎热干旱，正是它们所喜欢的，因此一些容易扩散的品种开始把它们的种子从种植园中偷偷地传播到了野外，逐渐摆脱对人类的依赖，并建立起永久性的居群。这批"逃犯"之中有一个成员，它的学名叫*Opuntia stricta*（Haw.）Haw.，我们中国人管它叫缩刺仙人掌，很多书中也直接把它叫作仙人掌。

缩刺仙人掌的基本特征及其生存策略与前文所述及诸点并无二致，但是这里稍微明确一下其具体特征。其肉质茎为扁平状，多分枝，高1.5～3米；小窠较为稀疏，每个小窠着生3～8根刺，叶刺黄色；钩毛少而短，但是随着年龄增长会增加少许；花为柠檬黄色；浆果粉红色至洋红色，甚是好看，果肉味甜。

野外入侵的梨果仙人掌

在仙人掌相对密集的牧场，牧草对于牲畜来说已经是可望而不可即的食物

缩刺仙人掌原产于中美洲、加勒比地区及西印度群岛、墨西哥东部及美国东部，最北界为美国南卡罗来纳州，它是最早为人们所研究和引进的仙人掌之一。但是相对其他仙人掌而言，这种仙人掌在新的生境中获得了异常的成功。现在，它已经广泛地分布于非洲、欧洲南部、东南亚及澳大利亚。当然，我指的是在野外，而非人们的窗台上。

我国也已经有这种仙人掌的分布，它们最早是由荷兰人于1645年带入台湾的，明朝末年用为篱笆的材料，清朝吴震方编著的《岭南杂记》对其已有记述。没过多久，它已经作为中药材使用，这肯定是中国的特色之一。目前，它们已经广泛地分布于海南、广东、广西和云南等地。去年我去了一趟金沙江干热河谷，亲眼目睹了河谷山坡上成片的仙人掌林，爬坡的时候不得不小心翼翼地躲避它们。那些坡本来就很陡，这样一来，困难更是增加了不少。

仙人掌在新环境中的扩张，给当地物种带来了不小的影响。由于它们肉质茎上有刺，动物或牲畜会避免进食或者触碰它们以免自身受到伤害。在仙人掌相对密集的牧场，牧草对于牲畜来说已经是可望而不可即的食物，这样一来，该牧场无异于被废弃，而牲畜只能前往未被仙人掌入侵的邻近牧场进食，这样将会增加该牧场的环境压力。

单刺仙人掌

知识点

多肉植物

多肉植物是指植物营养器官的某一部分，如茎或叶或根(少数种类兼有两部分)具有发达的薄壁组织用以储藏水分，在外形上显得肥厚多汁的一类植物。它们大部分生长在干旱或一年中有一段时间干旱的地区，每年有很长的时间根部吸收不到水分，仅靠体内储藏的水分维持生命。全世界共有多肉植物10000余种，它们都属于高等植物(绝大多数是被子植物)。在植物分类上隶属于几十个科。

由于长期适应干旱环境的结果，多肉植物的营养器官发生了很大的变化。例如，原本的叶片在大多数仙人掌类植物中已退化为针状叶，在大戟科多肉植物中也常仅成痕迹或早落，但在其他大多数科的多肉植物中仍存在，只是已程度不同的肉质化了；茎在仙人掌类中已代替叶成为进行光合作用的主要器官，但很多其他科的多肉植物的茎却已经不存在或仅具极短的茎。

在南非的Kruger国家森林公园，自从1953年首次发现缩刺仙人掌以来，1998年其入侵面积已达30000公顷，占整个公园面积的16%，其中2000公顷是密集的仙人掌群，人们已经无法通行；17000公顷是中等密度的仙人掌种群，行人通过具有一定困难。想想经常在那里穿行的动物，它们要想不受到伤害简直是不可能的。

因为缩刺仙人掌迅猛的扩张势头，以及它给当地生态系统造成的麻烦，它因此被列入全球100种最具破坏力的外来入侵物种名单。我想，这倒是早期将它们从美洲带出来的那些引种者所未曾预料到的。

既然缩刺仙人掌带来了麻烦，那么我们就应当想方设法控制住它们的扩张。虽然它们的根系较浅，容易拔除，但是它们全身的刺使人望而生畏。如果用机械手或者其他工具去铲除它们，则容易将肉质茎弄成碎片。仙人掌的每一个碎片在条件许可的环境中都可以重新生长为独立的新个体，因此要想利用机械的方法清除它们实在是很难。

到目前为止，最成功的管控方法是生物防治，这方面澳大利亚有成功的例子可循。缩刺仙人掌在1839年之前即已进入澳大利亚，到了20世纪20年代，在新南威尔士州和昆士兰州，其分布面积即已达2400万公顷。为了控制这种疯狂的仙人掌，澳大利亚政府从阿根廷引入了一种昆虫——仙人掌螟蛾。几年之后，即已有显著成效，成片的缩刺仙人掌消亡。目前，只有在仙人掌螟蛾控制效果没那么明显的地方才能见到缩刺仙人掌。

当然，生物防治并非万能。仙人掌螟蛾只能在温带气候环境中发挥它们的威力，出了这个范围，再也无能为力。此外，引进其他的物种同样具有一定的生态风险。因此，最好的方法在于防控。希望朋友们不要随意丢弃自己家中栽种的仙人掌，否则，它们会带来什么样的后果，谁也不知道。

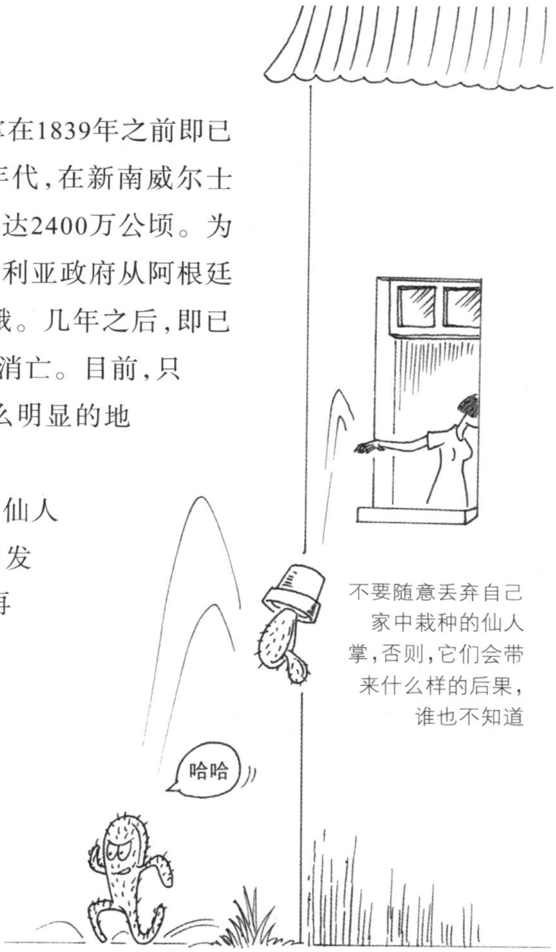

（黄满荣）

不要随意丢弃自己家中栽种的仙人掌，否则，它们会带来什么样的后果，谁也不知道

哈哈

深度阅读

李振宇，解焱. 2002. **中国外来入侵种**. 1-211. 中国林业出版社.

徐正浩，陈再廖. 2011. **浙江入侵生物及防治**. 1-353. 浙江大学出版社.

徐海根，强胜. 2011. **中国外来入侵生物**. 1-684. 科学出版社.

谢贵水，安锋. 2011. **海南外来入侵植物现状调查及防治对策**. 1-118. 中国农业出版社.

万方浩，刘全儒，谢明. 2012. **生物入侵：中国外来入侵植物图鉴**. 1-303. 科学出版社.

摄影者

李湘涛　杨红珍　李　竹　徐景先　黄满荣
杨　静　倪永明　张昌盛　毕海燕　夏晓飞
殷学波　王　莹　韩蒙燕　刘海明　刘　昭
刘全儒　黄珍友　张桂芬　张词祖　张　斌
梁智生　黄焕华　黄国华　王国全　王竹红
黄罗卿　杜　洋　王源超　叶文武　王　旭
杨　钤　蔡瑞娜　刘小侠　徐　进　杨　青
李秀玲　徐晔春　华国军　赵良成　谢　磊
王　辰　丁　凡　周忠实　刘　彪　年　磊
于　雷　赵　琦　庄晓颇